高等学校"十二五"实验实训规划教材

金属热处理综合实验指导书

王志刚　刘科高　主编

北　京

冶金工业出版社

2012

内 容 提 要

　　本书是高等学校"十二五"实验实训规划教材,其主要内容分为4章:第1章为金相试样的制备、显微镜的构造与操作;第2章为热处理原理和基本实验设备使用;第3章为典型材料的金相组织及常见缺陷;第4章为综合训练计划、实验报告要求及评分标准;附录列举了常用化学侵蚀剂,压痕直径与布氏硬度对照表,洛氏硬度、布氏硬度、维氏硬度与抗拉强度对照表,常用热电偶的温度-毫伏对照表等。

　　本书主要介绍了热处理实验的基本知识,可作为理工科大中专院校材料科学与工程专业的学生实验教材或实验教学参考书,也可供材料成形与控制工程、机械工程专业等相关专业的师生与从事相关研究的工程技术人员和管理人员学习参考。

图书在版编目(CIP)数据

　　金属热处理综合实验指导书/王志刚,刘科高主编.—北京:冶金工业出版社,2012.4

　　高等学校"十二五"实验实训规划教材

　　ISBN 978-7-5024-5875-1

　　Ⅰ.①金⋯　Ⅱ.①王⋯　②刘⋯　Ⅲ.①热处理—高等学校—教学参考资料　Ⅳ.①TG15

　　中国版本图书馆 CIP 数据核字(2012)第 038434 号

出 版 人　曹胜利
地　　址　北京北河沿大街嵩祝院北巷 39 号,邮编 100009
电　　话　(010)64027926　电子信箱　yjcbs@cnmip.com.cn
责任编辑　李　梅　卢　敏　美术编辑　李　新　版式设计　葛新霞
责任校对　卿文春　责任印制　李玉山
ISBN 978-7-5024-5875-1
三河市双峰印刷装订有限公司印刷;冶金工业出版社出版发行;各地新华书店经销
2012 年 4 月第 1 版,2012 年 4 月第 1 次印刷
787mm×1092mm　1/16;11.5 印张;277 千字;176 页
25.00 元
冶金工业出版社投稿电话:(010)64027932　投稿信箱:**tougao@cnmip.com.cn**
冶金工业出版社发行部　电话:(010)64044283　传真:(010)64027893
冶金书店　地址:北京东四西大街 46 号(100010)　电话:(010)65289081(兼传真)
(本书如有印装质量问题,本社发行部负责退换)

前　言

　　随着我国高等教育的不断改革和国内机械制造业的产品结构面临的调整，对本科毕业生的专业基础知识和基本操作技能的掌握提出了更高的要求。为满足高等院校材料科学与工程及相关专业本、专科实验教学需要，我们编写了本书。本书以培养学生全面掌握热处理基本知识和技能为目的，力求涵盖金属热处理多方面内容，简明扼要，重在实践环节的指导和实践过程的体验。

　　"金属热处理综合实验课"的设立，可以让学生在实验过程中加深对所学的金属热处理课程内容中的重点、难点的理解，更有助于实际工作能力的提高。本实验指导书分为4章，主要介绍了热处理的基本原理与工艺设定、金相试样的制备与观察、典型材料的金相组织及常见缺陷等基本知识，结合理工科本、专科生的认知特点设计了综合实验的训练计划，学生可以在充满挑战性的实验过程中掌握金属热处理基本知识与操作技能。对于从事材料科学与工程、材料成形及控制工程、机械工程专业等相关专业的技术人员来说，也可以作为参考书。

　　本书在编写过程中得到了山东建筑大学材料科学与工程实验教学中心、材料科学与工程学院金属材料教研室的大力支持。本书由山东建筑大学王志刚、刘科高主编，山东建筑大学徐勇老师、田彬老师、孙齐磊老师、王献忠老师参与编写了第1、2、4章，山东建筑大学的许斌教授认真审阅了本教材，并提出了许多宝贵意见。对这些老师的热忱支持和帮助，在此一并表示衷心的感谢。

　　在本书编写的过程中，参考了国内外专家和同行的教材、著作、研究成果等文献，在此表示感谢。由于编者水平所限，书中不当之处，恳请同行专家和读者批评指正。

编　者

2012 年 3 月

目　　录

1 金相试样的制备、显微镜的构造与操作

本章重点：

（1）金相试样的制备过程。

（2）实验室常用化学侵蚀剂。

（3）金相显微镜的光学系统。

（4）偏振光与暗场照明在金相分析中的应用。

1.1 金相试样的制备

在科研和实验中，人们经常借助于金相显微镜对金属材料进行显微分析和检测，以控制金属材料的组织和性能。在进行显微分析前，首先必须制备金相试样，若试样制备不当，就不能看到真实的组织，也就得不到准确的结论。

金相试样制备过程包括：取样（镶嵌）、磨制、抛光和侵蚀。

1.1.1 金相试样的取样

取样部位的选择应根据检验的目的选择有代表性的区域。一般进行如下几方面的取样：

（1）原材料及锻件的取样：原材料及锻件的取样主要应根据所要检验的内容进行纵向取样和横向取样。

1）纵向取样检验的内容包括：非金属夹杂物的类型、大小、形状；金属变形后晶粒被拉长的程度；带状组织等。

2）横向取样检验的内容包括：检验材料自表面到中心的组织变化情况；表面缺陷；夹杂物分布；金属表面渗层与覆盖层等。

（2）事故分析取样：当零件在使用或加工过程中被损坏，应在零件损坏处取样然后再在没有损坏的地方取样，以便于对比分析。

取样的方法为：取样的方法因为材料的性能不一样，有硬有软，所以取样的方法也不一样。软材料可用锯、车、铣、刨等来截取；对于硬的材料则用金相切割机或线切割机床截取，切割时要用水冷却，以免试样受热引起组织变化；对硬而脆的材料，可用锤击碎，选取合适的试样。

试样的大小以便于拿在手里磨制为宜，通常一般为 $\phi 12\text{mm} \times 15\text{mm}$ 圆柱体或 $12\text{mm} \times 12\text{mm} \times 15\text{mm}$ 正方体。取样的数量应根据工件的大小和检验的内容取 $2 \sim 5$ 个为宜。

1.1.2 金相试样的镶嵌

截取好的试样有的过于细小或是薄片、碎片，不宜磨制或要求精确分析边缘组织的试

样就需要镶嵌成一定的形状和大小。常用的镶嵌方法有机械镶嵌、低熔点合金镶嵌、树脂镶嵌、热压镶嵌及环氧树脂冷嵌等方法，如图 1-1 所示。

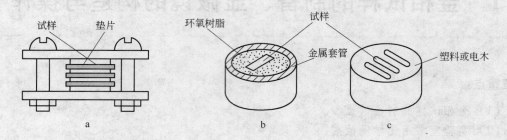

图 1-1   金相试样镶嵌方法

a—机械镶嵌法；b—环氧树脂冷嵌法；c—塑料镶嵌法

（1）机械镶嵌法：用不同的夹具将不同外形的试样夹持。夹持时，夹具与试样之间、试样和试样之间应放上填片。填片应采用硬度相近且电位高的金属片，以免侵蚀试样时填片发生反应，影响组织显示。

（2）低熔点合金镶嵌法：要求合金的熔点必须在 100℃ 以下，低于材料的回火温度。

（3）树脂镶嵌法：利用树脂来镶嵌细小的金相试样，可以将任何形状的试样镶嵌成一定尺寸。分为热压镶嵌法和浇注镶嵌法。

1）热压镶嵌法：是在专用镶嵌机上进行，常用材料是电木粉。电木粉是一种酚醛树脂，不透明，有各种不同的颜色。镶嵌时在压模内加热加压，保温一定时间后取出。优点是操作简单，成形后即可脱模，不会发生变形。缺点是不适合淬火件。

对于一些不能加热和加压的试样可采用环氧树脂浇注镶嵌法。

2）浇注镶嵌法：在室温下进行镶嵌的一种方法，常用环氧树脂及牙托粉，配方如下：

环氧树脂6101   100g + 乙二胺（凝固剂）   8g

牙托粉   3 份 + 牙托水   1 份（重量比）

优点是不需要加热，不需要专用机械，与试样结合比较牢固，磨制时不易倒角，是一种理想的镶嵌方法。

1.1.3   金相试样的磨制

磨制目的是得到一个平整光滑的表面。磨制分粗磨和细磨。

（1）粗磨：一般材料可用砂轮机将试样磨面磨平；软材料可用锉锉平。磨时要用水冷却，以防止试样受热而使组织发生改变。不需要检查表层组织的试样要倒角倒边。

注意事项如下：

1）磨制时要用水冷却，以防止试样受热而改变组织；

2）接触时压力要均匀，不宜过压（易产生砂轮破裂和温度升高使组织发生改变）；

3）不适用于检验表层组织的试样，如渗氮层、渗碳层组织的检验。

（2）细磨：目的是消除粗磨留下的划痕，为下一步的抛光做准备，细磨又分为手工细磨和机械细磨。

1）手工细磨：选用不同粒度的金相砂纸（180 号、240 号、400 号、600 号、800号），由粗到细进行磨制。磨时将砂纸放在玻璃板上，手持试样单方向向前推磨，切不可来回磨制，用力需均匀，不宜过重。每换一号砂纸时，试样磨面需转 90°，与旧划痕垂直，直到旧划痕消失为止。以此类推，磨至最细砂纸。试样细磨结束后，用水将试样冲洗干净待抛。

2）机械细磨：是在专用的机械预磨机上进行。将不同号的水砂纸剪成圆形，置于预磨机圆盘上，并不断注入水，就可进行磨光，其方法与手工细磨一样，即磨好一号砂纸后，再换另一号砂纸，试样同样转 90°，直到 800 号为止。注意：用水冷却，避免磨面过热；因转盘转速高，磨制时压力要小；不允许使用已经破损的砂纸，否则会影响安全。

1.1.4　金相试样的抛光

抛光的目的是去除试样磨面上经细磨留下的细微划痕，使试样磨面成为光亮无痕的镜面。抛光有机械抛光、电解抛光、化学抛光。最常用的是机械抛光。

1.1.4.1　机械抛光

机械抛光在金相抛光机上进行。抛光时，试样磨面应均匀地轻压在抛光盘上。并将试样由中心至边缘移动，并做轻微晃动。在抛光过程中要以量少次数多和由中心向外扩展的原则不断加入抛光微粉乳液。常用的抛光微粉见表 1-1。常用的抛光液和规范见表 1-2。抛光应保持适当的湿度，因为太湿降低磨削力，使试样中的硬质相呈现浮雕。湿度太小，由于摩擦生热会使试样升温，使试样产生晦暗现象。其合适的抛光湿度是以提起试样后磨面上的水膜在 3～5s 内蒸发完为准。抛光压力不宜太大，时间不宜太长，否则会增加磨面的扰乱层。粗抛光可选用帆布、海军呢做抛光织物，精抛光可选用丝绒、天鹅绒、丝绸做抛光织物。抛光前期抛光液的浓度应大些，后期使用较稀的，最后用清水抛，直至试样成为光亮无痕的镜面，即停止抛光。用清水冲洗干净后即可进行侵蚀。

表 1-1　常用的抛光微粉

材　料	莫氏硬度	特　点	适 用 范 围
氧化铝（Al_2O_3）	9	白色，α 氧化铝微粒平均尺寸 0.3μm，外形多呈多角形。γ 氧化铝粒度为 0.1μm，外形呈薄片状，压碎后更为细小	通用抛光粉。用于粗抛光和精抛光
氧化镁（MgO）	5.5～6	白色，粒度极细而均匀，外形锐利呈八面体	适用于铝镁及其合金和钢中非金属夹杂物的抛光
氧化铬（Cr_2O_3）	8	绿色，具有较高硬度，比氧化铝抛光能力差	适用于淬火后的合金钢、高速钢以及钛合金抛光
氧化铁（Fe_2O_3）	6	红色，颗粒圆细无尖角，变形层厚	适用于抛光较软金属及合金
金刚石粉（膏）	10	颗粒尖锐、锋利，磨削作用极佳，寿命长，变形层小	适用于各种材料的粗、精抛光，是理想的磨料

注：抛光时用水冷却，避免磨面过热；因转盘转速高，磨制时压力要小；不允许使用已经破损的砂纸，否则会影响安全；部分试样应打倒角。

表 1-2　常用的电解抛光液和规范

抛光液名称	成分/mL		规　范	用　途
高氯酸-乙醇水溶液	乙　醇	800	30 ~ 60V 15 ~ 60s	碳钢、合金钢
	水	140		
	高氯酸（$w = 60\%$）	60		
高氯酸-甘油溶液	乙　醇	700	15 ~ 50V 15 ~ 60s	高合金钢、高速钢、不锈钢
	甘　油	100		
	高氯酸（$w = 30\%$）	200		
高氯酸-乙醇溶液	乙　醇	800	35 ~ 80V 15 ~ 60s	不锈钢、耐热钢
	高氯酸（$w = 60\%$）	200		
铬酸水溶液	水	830	1.5 ~ 9V 2 ~ 9min	不锈钢、耐热钢
	铬　酸	620		
磷酸水溶液	水	300	1.5 ~ 2V 5 ~ 15s	铜及铜合金
	磷　酸	700		
磷酸-乙醇溶液	水	200	25 ~ 30V 4 ~ 6s	铝、镁、银合金
	乙　醇	380		
	磷　酸	400		

1.1.4.2　电解抛光

采用化学溶解作用使试样达到抛光的目的。这种方法能真实地显示材料的组织，尤其是硬度较低的金属或单相合金，以及极易加工变形的奥氏体不锈钢、高锰钢等。但不适用于偏析严重的金属材料、铸铁以及夹杂物的检验。图 1-2 为电解抛光原理示意图。

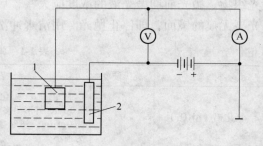

图 1-2　电解抛光原理
1—阳极（试样）；2—阴极

电解抛光步骤为：将试样浸入电解液中作为阳极，用铅板或不锈钢板作为阴极，试样与阴极之间的距离保持 20 ~ 30mm，接通电源，当电流密度足够大时，试样磨面即由于电化学作用而发生选择性溶解，从而获得光滑平整的表面。抛光完毕后，取出试样切断电源，将试样迅速用水冲洗吹干。

1.1.5　金相试样的侵蚀

抛光后的金相试样置于金相显微镜下观察，仅能看到铸铁中的石墨、非金属夹杂物，金相组织只有显示后才能看到。金相组织显示的方法有化学侵蚀法、电解侵蚀法、物理侵蚀法。常用的是化学侵蚀法。

1.1.5.1 化学侵蚀法

化学侵蚀法就是利用化学试剂对试样表面进行溶解或电化学作用来显示金属的组织。纯金属及单相合金的侵蚀是一个化学溶解过程，因为晶界原子排列较乱，不稳定，在晶界上的原子具有较高的自由能，晶界处就容易侵蚀而下凹，来自显微镜的光线在凹处就产生漫反射回不到目镜中，晶界呈现黑色，见图1-3a。二相合金的侵蚀与纯金属截然不同，它主要是一个电化学过程。因为不同的相具有不同的电位，当试样侵蚀时，就形成许多微小的局部电池。具有较高负电位的一相为阳极，被迅速溶解，而逐渐凹洼，具有较高正电位的一相为阴极，不被侵蚀，保持原有的平面。两相形成的电位差越大，侵蚀速度越快，在光线的照射下，两个相就形成了不同的颜色，凹洼的部分呈黑色，凸出的一相发亮呈白色，见图1-3b。

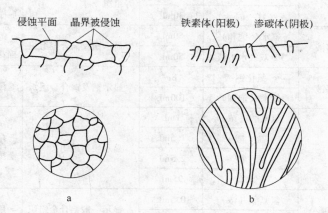

图 1-3　单相合金和双相合金侵蚀示意图

a—铁素体；b—珠光体

化学侵蚀操作注意事项为：

（1）试样进行化学侵蚀时应在专用的实验台上进行，对有毒的试剂应在抽风橱内进行。

（2）试样侵蚀前应清洗干净，磨面上不允许有任何脏物以免影响侵蚀效果。

（3）根据材料和检验要求正确选择侵蚀剂，见表1-3。

表1-3　常用化学侵蚀剂

序号	侵蚀剂名称	成　分		适用范围	使用要点
1	硝酸酒精溶液	硝 酸	1~5mL	碳钢及低合金钢的组织显示	硝酸含量按材料选择，侵蚀数秒钟
		酒 精	100mL		
2	苦味酸酒精溶液	苦味酸	2~10g	对钢铁材料的细密组织显示较清晰	侵蚀时间从数秒钟至数分钟
		酒 精	100mL		
3	苦味酸盐酸酒精溶液	苦味酸	1~5g	显示淬火及淬火回火后钢的晶粒和组织	侵蚀时间较上例快些，约数秒钟至1min
		盐 酸	5mL		
		酒 精	100mL		

序号	侵蚀剂名称	成 分		适用范围	使用要点
4	苛性钠苦味酸水溶液	苛性钠	25g	钢中的渗碳体染成暗黑色	加热煮沸侵蚀 5~30min
		苦味酸	2g		
		水	100g		
5	氯化铁盐酸水溶液	氯化铁	5g	显示不锈钢、奥氏体高镍钢、铜及铜合金组织	侵蚀至显现组织
		盐酸	50g		
		水	100g		
6	王水甘油溶液	硝 酸	10mL	显示奥氏体镍铬合金等组织	先用盐酸与甘油充分混合,然后加入硝酸,试样侵蚀前先用热水预热
		盐 酸	20~30mL		
		甘 油	30mL		
7	氨水双氧水溶液	氨水(饱和)	50mL	显示铜及铜合金组织	配好后,马上使用,用棉花蘸擦
		3%双氧水溶液	50mL		
8	氯化铜氨水溶液	氯化铜	8g	显示铜及铜合金组织	侵蚀 30~50s
		氨水(饱和)	100mL		
9	混合酸	氢氟酸(浓)	1mL	显示硬铝组织	侵蚀 10~20s 或用棉花蘸擦
		盐 酸	1.5mL		
		硝 酸	2.5mL		
		水	95mL		
10	氢氟酸水溶液	氢氟酸(浓)	0.5mL	显示一般铝合金组织	用棉花擦拭
		水	99.5mL		
11	苛性钠水溶液	苛性钠	1g	显示铝及铝合金组织	侵蚀数秒钟
		水	90mL		

(4) 注意掌握侵蚀时间,一般是磨面由光亮逐渐失去光泽而变成银灰色或灰黑色。主要根据经验确定。通常高倍观察时侵蚀宜浅,低倍观察可深些。

试样侵蚀适度后,应立即用清水冲洗干净,滴上乙醇再吹干,即可进行显微分析。

1.1.5.2 电解侵蚀法

原理基本与电解抛光相似,在电解抛光开始时试样产生"侵蚀"现象就是电解侵蚀的工作范围。此方法对于某些具有极高化学稳定性的合金,如不锈钢、耐热钢、热电偶材料等,仍极难清晰地显示出它们的组织。

1.2 金相显微镜的构造与操作

金相显微镜是用于观察金属内部组织结构的重要光学仪器。在显微镜问世以后,人们才具备了对金属材料进行深入研究的条件。随着科技的发展和新技术的应用,现代的金相显微镜已发展到相当完善和先进的程度,已成为金相组织分析最基本、最重要和应用最广泛的研究方法之一。

1.2.1 金相显微镜的光学原理

所有的光学仪器都是基于光线在均匀介质中作直线的传播，并在两种不同介质的分界面上发生折射或反射等现象构成的。显微镜也是运用了光学的反射和折射定律。它一般由两块透镜（物镜与目镜）组成，并借助物镜、目镜两次放大，从而得到极高的放大倍数。

1.2.1.1 显微镜的放大倍数

由图 1-4 可知，按照几何光学定律，物镜 O_b 将位于焦点 F_{Ob} 左上方的物体 O 放大成为一个倒立的实像 O′。当用目镜 O_k 观察时，目镜重新又将 O′放大成倒立的虚像，即在目镜中看到的像。经物镜放大后的像（O′）的放大倍数 M_{Ob} 为：

$$M_{Ob} = \frac{\Delta}{F_{Ob}} = \frac{光学镜筒长（约\ 160mm）}{物镜焦距}$$

经目镜将 O′再次放大的放大倍数 M_{Ok} 按照下面的公式计算：

$$M_{Ok} = \frac{250}{F_{Ok}} = \frac{明视距离}{目镜焦距}$$

得到显微镜的总放大倍数 M 为：

$$M = M_{Ok} \times M_{Ob} = \frac{\Delta}{F_{Ob}} \times \frac{250}{F_{Ok}}$$

放大倍数与物镜和目镜的焦距乘积成反比。

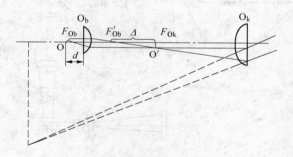

图 1-4　显微镜的光学成像图解

1.2.1.2 显微镜的分辨率

显微镜的分辨率是指显微镜对于要观察的物体上彼此相近的两点产生清晰像的能力，可表示为：

$$d = \frac{\lambda}{A}$$

式中　d——显微镜可以区分的两点间的距离；

　　　λ——光的波长；

　　　A——数值孔径。

从公式可以看出，物镜的数值孔径越大，入射光波波长越短，则显微镜的分辨率就越高。

1.2.1.3 数值孔径

通常以 $N \times A$ 表示，表征物镜的集光能力。

数值孔径 $$N \times A = \eta \times \sin\psi$$

式中　η——介质的折射率；

　　　ψ——孔径角的一半。

介质的折射率越大，则物镜的数值孔径越大，即分辨率越高。

1.2.2　金相显微镜的光学系统

金相显微镜的光学系统一般包括物镜、目镜、光阑、照明系统、滤色片等几部分。金相显微镜一般采用平行光照明系统，即灯丝像先会聚在孔径光阑上，再成像于物镜后焦面上，经物镜射出一束平行光线投射在试样表面。其特点是照明均匀，并且便于在各种照明方式中变换。图 1-5 是国产江南 XJG-05 型金相显微镜的光路图。

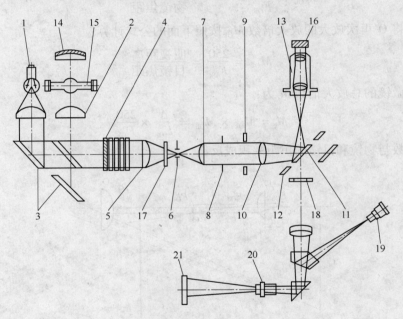

图 1-5　江南 XJG-05 型金相显微镜的光路图

1—白炽灯；2，5—聚光镜；3—反射镜；4—滤光片；6—孔径光阑；7—第一透镜；
8—视场光阑；9—明-暗滑板；10—第二透镜；11，12—平面半镀铝反射镜；
13—物镜；14—光源反射镜；15—氙灯；16—试样；17—起偏振镜；
18—检偏振镜；19—目镜；20—摄影目镜；21—毛玻璃

1.2.2.1　物镜

物镜是显微镜最主要的部件，它是由许多种类的玻璃制成的不同形状的透镜组所构成的。位于物镜最前端的平凸透镜称为前透镜，其用途是放大。在它以下的其他透镜均是校正透镜，用以校正前透镜所引起的各种光学缺陷（如色差、像差、像弯曲等）。

按照所接触的介质可分为干系（介质是空气）、湿系或油浸系（介质是高折射率的液体）；按照其光学性能又可分为消色差、平面消色差、复消色差、平面复消色差、半消色差物镜和显微硬度物镜、相称物镜、球面及非球面反射物镜等。

1.2.2.2　目镜

目镜主要用来对物镜已放大的图像进行再次放大，可分为普通目镜、校正目镜和投影目镜。

普通目镜是由两块平凸透镜组成的。在两个透镜中间、目透镜的前交叉点处安置一个光圈。其目的是为了限制显微镜的视场，即限制边缘的光线。

校正目镜（或称补偿目镜），具有色"过正"的特性（过度地校正色差），以补偿物镜的残余色差，还能补偿（校正）由物镜引起的光学缺陷。该目镜只与复消色差和半复消色差物镜配合使用。

投影目镜专门供照相时使用，用来消除物镜造成的曲面像。

1.2.2.3　照明系统

金相显微镜中主要有两种照明物体的方法，即45°平面玻璃反射和棱镜全反射。这两种方法都是为了能使光线进行垂直转向，并投射在物体上。这种作用的结构称为"垂直照明器"。在金相工作中的照明方式分为明场和暗场照明两种。

明场照明是金相分析中常用的一种照明方式。垂直照明器将来自光源的水平方向光线转成垂直方向的光线，再由物镜将垂直或近似垂直的光线，照射到金相试样平面，然后由试样表面上反射来的光线，又垂直地通过物镜给予放大，最后由目镜再予以第二次放大。如果试样是一个镜面，那么最后的映像是明亮一片，试样的组织将呈黑色映像衬映在明亮的视域内，因此称为"明视场照明"。在后面章节中出现的金像图片大部分是以这种照明方式取得的。

暗场照明时入射光束绕过物镜，以极大的角度斜射到试样表面，散射光（漫射光）进入物镜成像。这样的光束是靠暗场折光反射镜和环形反射镜获得，其光路图见图1-6。暗场照明提高了显微镜的实际分辨能力和衬度；可以鉴别钢中的夹杂物和固有色彩；暗场照明可以粗略地估算夹杂物的类型及所含元素的种类，故对非金属夹杂物可以做定性分析。

图1-7是在暗场下的条带状组织，其细节更加明显；图1-8是金属中非金属夹杂物

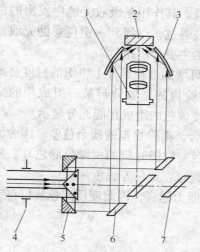

图1-6　暗场照明光路图

1—物镜；2—试样；3—抛物型反射镜；4—光阑；
5—棱镜；6,7—平面半镀铝反射镜

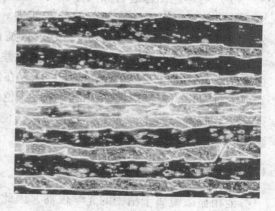

图1-7　暗场下的条带状组织（500×）

照片（500×）在明场和暗场中的形态。

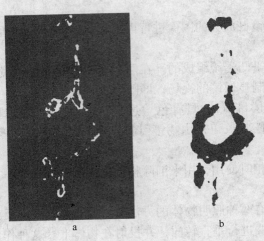

图 1-8　金属中非金属夹杂物照片（500×）

a—暗场照明；b—明场照明

1.2.2.4　光阑

光阑的存在是为了提高映像质量。主要有孔径光阑和视域光阑两种。孔径光阑可以调节入射光线的粗细。孔径光阑过小降低物镜的分辨能力，孔径光阑过大又影响图像衬度。视域光阑处在孔径光栏之后，能改变观察视域的大小；视域光阑还能减少镜筒内部的反射与弦光，提高映像衬度。孔径光阑和视域光阑都是为了改进映像的质量，而设置于光学系统中的，应根据映像的分辨能力和衬度的要求妥为调节，充分发挥其作用。切勿仅用以调节映像的明暗，而失去应有效应。

1.2.2.5　滤色片

滤色片是金相显微镜摄影时的一个重要辅助工具。其作用是吸收光源中发出的白光中波长较长不符合需要的光线，而只让所需波长的光线通过，以得到一定色彩的光线，从而明显地表达出各种组织组成物的金相图片。滤色片的主要作用是：

（1）对彩色图像进行黑白摄影时，使用滤色片可增加金相照片上组织的衬度，或提高某种带有色彩组织的细微部分的分辨能力。如果检验目的是要分辨某一组成相的细微部分，则可选用与所需鉴别的相同样色彩的滤色片，使该色的组成相能充分显示。

（2）校正残余色差。滤色片常与消色差物镜配合，消除物镜的残余色差。因为消色差物镜仅于黄绿光区域校正比较完善，所以在使用消色差物镜时应加黄绿色滤色片。复消色差物镜对波长的校正都极佳，故可不用滤色片或用黄绿、蓝色等滤色片。

（3）提高分辨率。光源波长越短，物镜的分辨能力越高，因此使用滤色片可得到较短波长的单色光，提高分辨率。

1.2.3　金相显微镜的使用及注意事项

金相显微镜属于精密的光学仪器，因此在使用时必须细心谨慎，使用前应当熟悉金相显微镜的原理和结构，使用过程中严格按照有关操作规程进行操作。

金相显微镜的一般操作规程主要包括：

（1）根据观察要求选配物镜和目镜，并安装到相应位置。

（2）将显微镜照明系统的电源插头插入低压变压器插孔中，接通电源。

（3）将金相试样放在载物台中心，如需要固定，应使用载物台上的固定装置进行固定。

（4）进行调焦。调焦过程是先通过粗动调焦机构使试样与物镜之间达到一定成像的距离（物镜不能与试样相接触），然后通过微动调焦机构进一步精确调焦，使成像达到最佳。

（5）根据所观察试样的要求，适当调节孔径光阑和视场光阑，以获得最好的物像效果。

使用金相显微镜时的注意事项主要包括：

（1）金相显微镜的照明电源用的是低压灯泡，必须通过降压变压器使用，千万不可将显微镜的照明电源插头直接插入 220V 电源插座，以免造成事故。

（2）不能用手擦拭物镜和目镜的玻璃部分，如有灰尘可用镜头纸或专用毛刷进行清理。

（3）不能用手抚摸金相试样的观察面，也不要随意地挪动试样，以免划伤观察面，影响观察效果。

（4）使用过程中必须细心操作，不能有粗暴和剧烈的动作，要避免振动。特别是调焦时，动作一定要慢，如遇阻碍时应当立即停止操作，待查明原因后再进行。

（5）不允许随便拆卸显微镜部件，特别是光学系统，以免损坏显微镜或影响显微镜的使用精度。

1.2.4　特殊光学金相分析

使用明场或者暗场对材料的金相组织进行观察时，往往受到限制。通过特殊的光学系统或附件，如偏光、相衬以及偏光干涉衬度装置，利用各项组织光学性质的差异或者将有位向差的光转化为有强度差的光，能够提高图像的衬度。

1.2.4.1　偏振光装置

偏振光装置是利用自然光线射入光学各向异性晶体会发生分解为两束折射光线的现象，即双折射现象，来分析组织与晶粒、多相合金的相以及非金属夹杂物的鉴别、晶粒位向的测定等。

A　偏振光显微镜的基本原理

偏振光金相分析的基本原理是：借助于偏振光，利用各项组织的光学性质的差异（光学的各向同性、各向异性、透明度等）从而提高衬度，以鉴别组织。

（1）偏振光。光是一种电磁波，自然光的光振动是各个方向的，都垂直于传播方向，如果使光的振动局限在一个方向上，其他方向的光振动被大大消减或被吸收，这种光被称为"线偏振光"，也称"全偏振光"，简称偏振光。

（2）起偏镜。产生偏振光的偏光镜叫起偏镜。起偏镜多用尼科尔棱镜或人造偏振片制作。

（3）检偏镜。为了分辨光的偏振状态，在起偏镜后面加入同样一个偏光镜，它能鉴别起偏镜造成的偏振光。

当起偏镜和检偏镜互相平行，透过的光线最多，视场最亮。当起偏镜和检偏镜互相垂直，处在正交位置时，线偏振光不能通过，产生消光现象，视场最暗。

B　偏振光显微镜的操作

用金相显微镜做偏光观察时，需做起偏镜位置、检偏镜位置和载物台中心位置的调整。

（1）起偏镜。置于光线进入物镜之前，调整的目的是使经过起偏镜获得的直线偏振光的偏振面呈水平。这样可保证从垂直照明器反射进入物镜的光线强度最大，并能保证到达试样表面的仍为线偏振光。大多数显微镜的起偏镜位置是固定的，使用时，将起偏镜旋入光路中即可。

（2）检偏镜。置于样品反射光之后。检偏镜可以选装，可以和起偏镜做任何角度的调整，从互相平行到互相垂直。互相平行，可做明场观察。从目镜中观察到最暗的消光现象时，就是起偏镜与检偏镜互相垂直，可做偏光观察。

（3）调整载物台的机械中心。使载物台的机械中心与显微镜的光学中心重合，载物台旋转360°，被观察物仍停留在视场内。

（4）光源、孔径光阑、视场光阑开大。

C　偏振片在金相分析方面的应用

a　偏振光在各向异性金属磨面上的反射

在正交偏振光下观察各向异性晶体。因光学各向异性金属在金相磨面上呈现的各颗晶粒的位向不同，即各晶粒的"光轴"位置不同，使各晶粒的反射偏振光的偏振面旋转的角度不同，通过检偏镜后，便可在目镜中观察到具有不同亮度的晶粒衬度。转动载物台，相当于改变了偏振方向与光轴的夹角。旋转载物台360°，视场中可观察到四次明亮、四次暗黑的变化。这就是各向异性晶体在正交偏振光下的偏光效应。

例如，在正交偏振光下观察纯锌的组织，如图1-9所示。纯锌具有六方结构，是光学各向异性金属。试样经过磨制、抛光，不需侵蚀到显微镜下观察，在正交偏振光下，可看到各个晶粒亮度不同，表征各晶粒位向的差别，晶内有针状的孪晶，颜色总与它所在的晶粒不同，说明其位向不同。转动载物台，你会看到每个晶粒的亮度都在变化，旋转载物台360°每个晶粒都会发生四次明暗变化，非常清晰，衬度很好。

球铁中的石墨，属六方晶系。明场下，石墨是灰色的。在正交偏振光下，石墨球明暗不同且呈放射状。转动载物台，石墨各处的亮度都在变化。盯住一处，可看到四次明暗变化。说明石墨是各向异性晶体。从中可看出在同一颗球状石墨上显示出不同的亮度，表征石墨球呈多晶结构，如图1-10所示。

b　偏振光在各向同性金属磨面上的反射

各向同性金属在正交偏振光下观察时，由

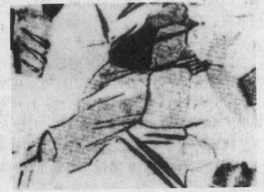

图1-9　纯锌在偏振光下的组织（100×）

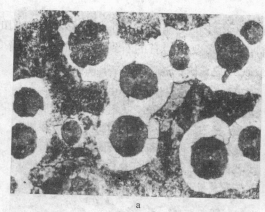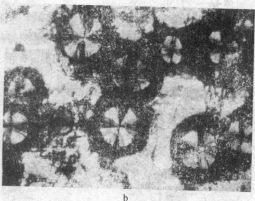

图 1-10　球铁金相组织（表示石墨是一个多晶体）（100×）
a—明场照明；b—偏振光照明

于其各方向光学性质是一致的，不能使反射光的偏振面旋转，直线偏振光垂直入射到各向同性金属磨面上。因其反射光仍为直线偏振光，被与之正交的检偏镜所阻，因此反射偏振光不能通过检偏镜，视场暗黑，呈现消光现象。旋转载物台，也没有明暗变化。这就是各向同性金属在正交偏光下的现象。

若在正交偏光下研究各向同性金属，需采用改变原晶体光学性质的特殊方法来实现。常用的有深侵蚀或表面进行阳极化处理。例如，采用深侵蚀的方法观察高碳镍铬钢的针状马氏体和原奥氏体晶粒，也可以用这种方法观察马氏体和贝氏体、低碳马氏体领域等；采用阳极极化的方法，使试样表面形成一层各向异性的氧化膜，而膜的组成与下面的晶粒位向有关。来显示很难显示的纯铝的晶粒，用这种方法显示塑性变形的晶粒取向、形变织构等。

c　非金属夹杂物的偏光分析

非金属夹杂物的正确判别，往往需要运用多种检测手段，才能得到正确的判断。其中，金相方法是最为简便和普遍的途径，居重要地位。通常在显微镜下利用明视场、暗视场、偏振光下的光学特性分析（见图 1-11）。以下是不同类型的夹杂物在正交偏振光下的光学特征。

（1）各向同性不透明夹杂物。各向同性不透明夹杂物的反射光仍为线偏振光，在正交偏振光下被消化呈暗黑色，旋转载物台，没有明暗变化，例如 MnS、FeO 即属此类。

（2）各向异性不透明夹杂物。各向异性不透明夹杂物在偏振光照射下将发生振动面的旋转，使反射偏振光与检偏镜改变正交位置。部分光线可通过检偏镜。旋转载物台 360°，可观察到四次或两次明暗变化，例如 FeS、石墨等。

（3）各向同性透明夹杂物。透明夹杂物在偏振光下易于观察。透明夹杂物被直线偏振光照射时，光线的一部分在夹杂物外表面反射，一部分向内折射，并在夹杂物与金属基体的界面处发生不规则的内反射，因而改变了入射光的偏振方向。使透过夹杂物后射向检偏镜的光线的一部分可以透过检偏镜，因而可以观察到夹杂物的亮度，同时也看到它们的固有色彩。但旋转载物台，其亮度不发生变化。证明其是各向同性的。很多常见的夹杂物都是此类，例如 Al_2O_3、MnO 等。MnO 为绿色。各向同性的透明夹杂物在偏光和暗场下观察到的颜色是一致的。

（4）各向异性透明夹杂物。各向异性透明夹杂物在正交偏光下，不仅能够看到它们的透明度和固有色彩，而且旋转载物台 360°应有四次明暗变化，有的看到两次明显的明暗变化。例如 FeO、TiO 在正交偏振光下呈明亮的玫瑰红色，并可看到明暗变化。

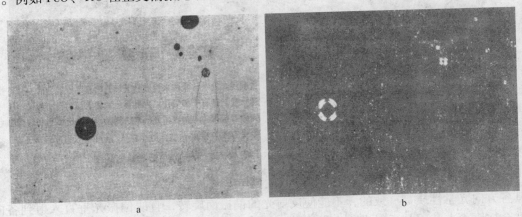

图 1-11　钢中铁硅酸盐夹杂（黑十字效应）（100 ×）

a—明场照明；b—偏振光照明

1.2.4.2　相衬装置

相衬装置是利用特殊相板的作用，使不同位相的反射光发生干涉或叠加，借以鉴别金相组织。试样高度差在 0.01nm 到几十纳米范围内都能清楚鉴别。相衬显微镜可用于增加映像的衬度，获得清晰组织图像；显示显微偏析；用于滑移带、位错、表面浮凸的观察等。

A　相衬原理

当入射光以 θ 角照射到试样平面时，将以 θ 角反射出来。若试样表面稍有凹凸不平时，每个微小细节对反射光有一定扰动，可以把这看成是由直接反射光（未受扰动的）与散射光（受扰动的）合成的结果。直接反射光有严格的方向，而散射光从试样表面组织细节处向各个方向散开，充满物镜的整个孔径，如图 1-12 所示。

从图 1-13 可以看到，试样较低处的反射光要比凸出处的落后一些。这个因光程较长而落后一定位相的光束可用光矢量 **OP** 表示。它可看做由直接反射光 **OS** 与散射光（衍射光）**OD** 所合成。散射光落后于直接反射光 90°，强度也弱得多。

为了使具有周相差的光束产生强度不同的效果，要设法做到：

（1）将直接反射光与散射光分开。

（2）改变直接反射光的周相，例如推迟 $\lambda/4$，使直接反射光与散射光的周相差为 0（如图 1-14a 所示）；或推迟 $3\lambda/4$，使两者周相差为 π（如图 1-14b 所示）。

（3）把直接反射光强度减弱，使之可以和散射光或叠加

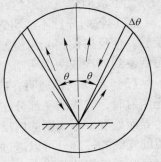

图 1-12　直接反射光与散射光

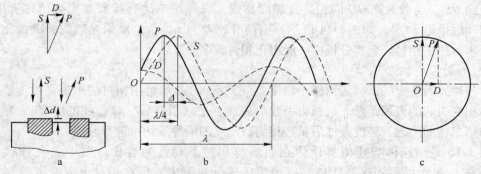

图 1-13 直接反射光与散射光的位相关系

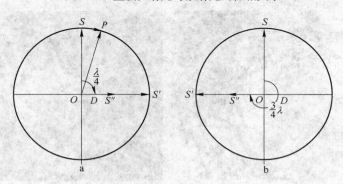

图 1-14 相衬原理
a—负相衬（明衬法）；b—正相衬（暗衬法）

而加强，或相消而减弱。

B 相衬装置

相衬装置如图 1-15 所示，主要由环形光阑和相板组成。

a 环形光阑

环形光阑安放在孔径光阑以取代普通的孔径光阑，作用是将直接反射光与散射光分开。因为环形光阑成像于物镜后焦面，直接反射光只能通过这一狭小的环形区，散射光则可以通过物镜的整个后焦面，这样便将两者区分开。

b 相板

相板上有称为相环的环形凹槽。相板安放在物镜的后焦面上，正好与环形光阑的像重合，使直接反射光正好通过相环，而散射光则通过相板其余部分。在相环处涂有一层金属薄膜，可将直接反射光吸收掉近80%，使其强度大为减弱，并起移相作用。当直接反射光推迟 $\lambda/4$ 时，如图 1-14a 所示，由 OS 变为 OS'，

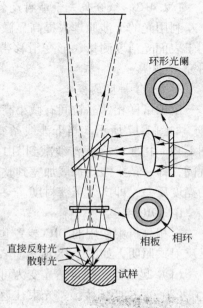

图 1-15 相衬装置

再减弱到 OS''，与散射光 OD 同相，叠加而加强，成像比单纯直接反射光亮，称负相衬。若经相环后推迟 $3\lambda/4$，如图 1-14 所示，则两者相差为 π，叠加结果是减弱，成像比直接反射光暗，称正相衬。金相分析中一般用正相衬较多。

　　C　相衬应用举例

对各种原因造成的试样表面微小高度差（约 5nm），均可用相衬法来提高衬度进行鉴别。如相变引起的表面浮雕、机械力引起的表面不平（滑移线、显微硬度压痕）、抛光后较硬的第二相的凸起、轻度侵蚀后某些相的凸出或凹陷等等均可进行鉴别。

图 1-16 是马氏体与残留奥氏体在明场与相衬下观察的对比，图中黑色针状是淬火马氏体。在明场下淬火马氏体与残留奥氏体分辨不出，但在相衬下清晰可辨。

a　　　　　　　　　　　　　　　　　　b

图 1-16　淬火马氏体与残留奥氏体的区分
a—明场照相；b—相衬照相

1.2.4.3　微分偏光干涉衬度装置

利用光的干涉原理来提高显微镜的垂直鉴别能力，能够显示试样表面的微小起伏，可用于表面光洁度测量、形变滑移带和切变型相变浮凸的观测，以及裂纹的扩展等方面的研究。

　　A　干涉衬度的概念

由于试样相邻晶粒间有微小高度差，经其反射的光便有光程差，导致干涉线条稍有位移，如图 1-17 所示。当干涉线条变宽，间距加大时，视阈内干涉线条数便会减少，如从图 1-17a 中的 12 条干涉线减到图 1-17b 中的 5 条；当干涉线间距进一步加大，大于观察的视阈，即一条干涉线扩展加宽到整个视阈时，如图 1-17c 所示，两个相邻晶粒便显出明显的亮度反差，即产生干涉衬度。

　　B　DIC 装置

金相分析中使用的 DIC 装置包括起偏器、渥拉斯顿棱镜、检偏器及全波片（λ 片），是反射式照明，如图 1-18 所示。各部分的主要作用是：

（1）起偏器：把自然光变为可以相干的线偏振光。

（2）渥拉斯顿棱镜：光束往返两次通过它。第一次通过它时，一束偏振光分为两束夹角只有半分（30″）的相干的偏振光，称为微差相干光束。这两束光的振动面相互垂直，

图 1-17　干涉线条间距的变化

a—干涉线 12 条；b—干涉线 5 条；c—干涉线宽大于视阈——干涉衬度

一束是导常光线，另一束为非导常光线，即 o 光与 e 光。由于两者折射率稍有不同，因而波前位置稍有差别。它们通过物镜照射到试样表面，反射回来后再次通过渥拉斯顿棱镜，两束稍微分开的光束又重新汇合起来。若试样表面不平，两者便有了光程差，但振动面仍互相垂直。它的结构如图 1-18b 所示。

（3）检偏器：把振动面相互垂直的偏振光投影到同一振动面上，这样使频率相同、周相差恒定的光，具有同一振动方向，满足了干涉条件。它们通过相干将产生具有稳定衬度的图像。

（4）全波片：全波片将比较单调的衬度转变为色彩丰富的衬度。

C　DIC 像

当入射偏振光的振动面与渥拉斯顿棱镜中第一棱镜的光轴成 45° 入射，分成 o 光和 e 光两束大小相等，均与入射光振动面成 45° 的光，如图 1-19 中 e_1、e_2 光矢量所示。当检偏器与起偏器正交时，若两束光无光程差，投影到检偏器的振动面上，大小相等，方向相

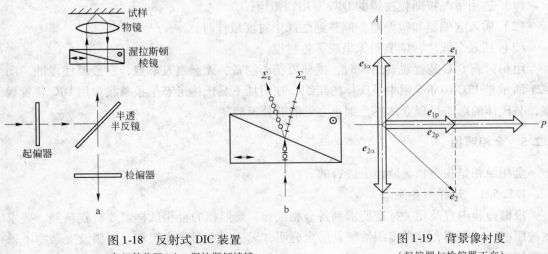

图 1-18　反射式 DIC 装置　　　　　图 1-19　背景像衬度

a—各组件位置；b—渥拉斯顿棱镜　　　　（起偏器与检偏器正交）

反，即周相差为 π，干涉结果呈暗的底色。

　　当试样表面有微小高度差的台阶存在时，台阶两侧的 o 光和 e 光经反射后重新汇合时，将有附加程差 $\Delta = 2x$，相应地有位相差，相干的结果是将在暗的基体上呈现亮线，如图 1-20 所示。

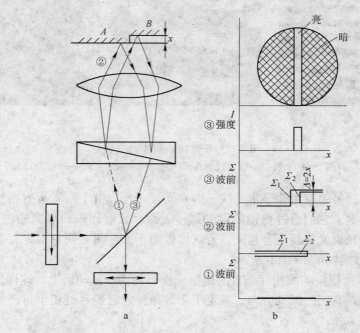

图 1-20　偏光干涉衬度（DIC）
a—试样表面有微小台阶时的光程；b—光路中不同地点的波前位置及像的衬度

D　DIC 的操作

偏光干涉衬度装置的操作步骤为：

（1）选用带渥拉斯顿棱镜的 DIC 专用物镜组；

（2）插入起偏器和检偏器，调整到图像中衬度最佳时；

（3）插入全波片，调节图像呈现彩色衬度。

　　用相衬或 DIC 装置观察组织时，试样要精心制备，无磨痕及麻点，一般要浅侵蚀。图 1-21 所示是 17CrNiMo6 钢中马氏体的组织，在明场下马氏体形态呈板条状。用 DIC 装置观察，马氏体的形态呈现立体感，细小之处能够分辨清楚。

1.2.5　金相照相

　　金相照相是在金相显微镜上进行的。

1.2.5.1　试样制备要求

　　根据检验内容及相关标准要求制备金相试样。要照相的金相试样需要特别精制、要求在被照视区无划痕，显微组织清晰，层次分明，无金属变形层或假相，石墨及夹杂物不得被磨掉或有曳尾现象。

图 1-21　17CrNiMo6 钢中的马氏体
a—明场像；b—DIC 像

1.2.5.2　照相

通过金相显微镜使用数字显微镜软件获得材料的金相照片。

（1）要正确调试显微镜，选用适当的放大倍数、滤光片和孔径光阑，可用专附的放大镜在照相毛玻璃上观察影像的清晰程度。

（2）运行桌面上数字显微镜软件快捷方式 MiE 软件。

（3）点击"设置"按钮，对所获得的金相照片的格式、保存位置、物镜放大倍数及测定单位等进行设置。

（4）点击"预览"按钮，对金相试样组织进行观察，调节载物台旋钮选择合适的视场。

（5）点击"拍照"按钮，对所选区域进行拍照。

（6）点击屏幕左上角"图像处理"选项卡，对所获得的金相照片进行图片处理。

本章思考题

1. 金相试样的取样原则是什么？
2. 怎样计算金相显微镜的总放大倍数？
3. 常用化学侵蚀剂有哪些？
4. 金相显微镜的光学系统包括哪几部分，其作用是什么？
5. 暗场照明的优点是什么？
6. 偏光照明下，非金属夹杂物有何特征？
7. 相衬装置、微分偏光干涉衬度装置在金相分析中有何种应用？

2　热处理原理和基本实验设备使用

本章重点：

（1）Fe-C（Fe-Fe$_3$C）相图中的点、线、区的意义。
（2）铁碳合金的平衡组织特征。
（3）热电偶、电阻温度计、高温温度计的结构原理与应用。
（4）热处理加热温度的确定。
（5）常用冷却介质的特点与应用。
（6）钢在冷却时的转变。
（7）布氏、洛氏、维氏硬度计的结构与操作。

2.1　铁碳合金平衡组织的显微分析

2.1.1　Fe-C(Fe-Fe$_3$C)相图

2.1.1.1　相图中的点、线、区的意义

由于碳在铁中的含量超过溶解度后剩余的碳可以有两种形式存在，即以渗碳体 Fe$_3$C 和石墨碳的形式存在，因此，Fe-C 合金有两种相图，即 Fe-C 和 Fe-Fe$_3$C 相图。在通常情况下，铁碳合金是按 Fe-Fe$_3$C 系进行转变的。图 2-1 即为 Fe-Fe$_3$C 相图。图中各特性点的温度、碳含量及意义见表 2-1，其特性点的符号是国际通用的，不能随便变换。

表 2-1　铁碳合金相图中的特性点

符号	温度/℃	w(C)/%	说　明	符号	温度/℃	w(C)/%	说　明
A	1538	0	纯铁的熔点	J	1495	0.17	包晶点
B	1495	0.53	包晶转变时液态合金的成分	K	727	6.69	渗碳体成分
C	1148	4.3	共晶点	M	770	0	纯铁的磁性转变点
D	1227	6.69	渗碳体的熔点	N	1394	0	γ-Fe↔δ-Fe 的转变温度
E	1148	2.11	碳在 γ-Fe 中的最大溶解度	P	727	0.0218	碳在 α-Fe 中的最大溶解度
G	912	0	α-Fe↔γ-Fe 转变温度（A_3）	S	727	0.77	共析点（A_1）
H	1495	0.09	碳在 δ-Fe 中的最大溶解度	Q	600	0.0057	600℃时碳在 α-Fe 中的溶解度

相图中的 *ABCD* 为液相线，*AHJECF* 是固相线，相图中有五个单相区，它们是：

ABCD 以上——液相区（用符号 L 表示）

　AHNA——固溶体区（用符号 δ 表示）

　NJESGN——奥氏体区（用符号 γ 表示）

　GPQG——铁素体区（用 α 或 F 表示）

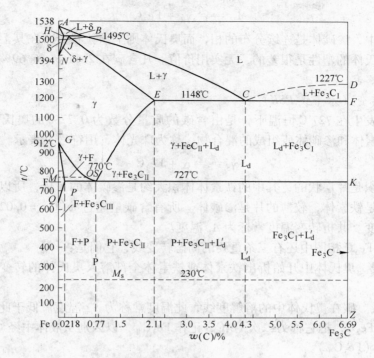

图 2-1　Fe-Fe₃C 相图

$DFKZ$——渗碳体区（用 Fe₃C 或 Cₘ 表示）

相图中有七个两相区，它们是：L+δ，L+γ，L+Fe₃C，δ+γ，γ+α，γ+Fe₃C 及 α+Fe₃C。

Fe-Fe₃C 相图上有三条水平线，即 HJB——包晶转变线；ECF——共晶转变线；FSK——共析转变线。

此外相图上还有两条磁性转变线：MO 线（770℃）为铁素体的磁性转变线，230℃虚线为渗碳体的磁性转变线。

2.1.1.2　相图分析

A　包晶转变（水平线 HJB）

在 1495℃恒温下，含碳量的质量分数为 0.53% 的液相与含碳量的质量分数为 0.09% 的 δ 铁素体发生包晶反应，形成含碳量的质量分数为 0.17% 的奥氏体，其反应式为：

$$L_B + \delta_H \Longleftrightarrow \gamma_J$$

进行包晶反应时，奥氏体沿 δ 相与液相的界面成核，并向 δ 相和液相两个方向长大，包晶反应终了时 δ 相和液相同时耗尽变成单一的奥氏体相。

此类转变仅发生在含碳量的质量分数为 0.09% ~ 0.53% 的铁碳合金中。

B　共晶转变（水平线 ECF）

共晶转变发生在 1148℃的恒温中，由含碳量的质量分数为 4.3% 的液相转变为含碳的质量分数 2.11% 的奥氏体和渗碳体（含碳量为 $w(C)=6.69\%$）所组成的混合物，称为莱氏体，用 L_d 表示其反应式为：

$$L_d \rightleftharpoons \gamma_E + Fe_3C$$

在莱氏体中,渗碳体是连续分布的相,而奥氏体则呈颗粒状分布在其上。由于渗碳体很脆,所以莱氏体的塑性是很差的,无实用价值。凡含碳在 2.11% ~ 6.69% 的铁碳合金都发生这个转变。

C　共析转变（水平线 *PSK*）

共析转变发生在 727℃ 恒温下,是由含碳的质量分数为 0.77% 的奥氏体转变成含碳 0.0218% 的铁素体和渗碳体所组成的混合物,称为珠光体,用符号 P 表示。其反应式为:

$$\gamma_S \rightleftharpoons \alpha + Fe_3C$$

珠光体组织是片层状的,其中的铁素体体积大约是渗碳体的 8 倍,所以在金相显微镜下,较厚的片是铁素体,较薄的片是渗碳体。所有含碳量超过 $w(C) = 0.02\%$ 的铁碳合金都发生这个转变。共析转变温度常标为 A_1 温度。

此外,Fe-Fe$_3$C 相图中还有三条重要的固态转变线,它们是:

（1）*GS* 线。奥氏体中开始析出铁素体或铁素体全部溶入奥氏体的转变线,常称此温度为 A_3 温度。

（2）*ES* 线。碳在奥氏体中的溶解度线,此温度常称为 A_{cm} 温度。低于此温度时,奥氏体中仍将析出 Fe$_3$C,把它称为二次 Fe$_3$C,记作 Fe$_3$C$_{II}$,以区别从液体中经 *CD* 线直接析出的一次渗碳体（Fe$_3$C$_I$）。

（3）*PQ* 线。碳在铁素体中的溶解度线,在 727℃ 时,碳的质量分数在铁素体中的最大溶解度仅为 0.0218%,随着温度的降低,铁素体中的溶碳量是逐渐减少的,在 300℃ 以下溶碳量少于 0.001%。因此,铁素体从 727℃ 冷却下来,也会析出渗碳体,称为三次渗碳体,记作 Fe$_3$C$_{III}$。

2.1.1.3　铁碳合金的分类

通常按有无共晶转变来区分碳钢和铸铁,即含碳量的质量分数低于 2.11% 的为碳钢,大于 2.11% 的为铸铁。含碳量质量分数小于 0.0218% 的为工业纯铁。按 Fe-Fe$_3$C 系结晶的铸铁,碳以 Fe$_3$C 形式存在,断口为白亮色,称为白口铸铁。

根据组织特征,可将铁碳合金按含碳量划分为七种类型:

（1）工业纯铁,含碳量低于 0.0218%;

（2）共析钢,含碳量为 0.77%;

（3）亚共析钢,含碳量为 0.0218% ~ 0.77%;

（4）过共析钢,含碳量为 0.77% ~ 2.11%;

（5）共晶白口铁,含碳量为 4.3%;

（6）亚共晶白口铁,含碳量为 2.11% ~ 4.3%;

（7）过共晶白口铁,含碳量为 4.3% ~ 6.69%。

2.1.2　室温下基本相和组织组成物的基本特征

铁和碳组成的合金称为铁碳合金。铁碳合金的平衡组织,可根据铁碳相图来分析。由相图可知所有铁碳合金在室温下的组织均由铁素体和渗碳体两相组成。随着钢中碳的质量分数的增加,铁素体和渗碳体的相对数量不同,分布形态不同造成了组织和性能差异很大。

2.1.2.1 铁素体 (F)

铁素体是碳溶入 α-Fe 中的间隙固溶体，晶体结构为体心立方晶格，具有良好的塑韧性，但强度硬度低，经4%硝酸酒精侵蚀呈白色多边形晶粒，在不同成分的碳钢中其形态为块状和断续网状。

2.1.2.2 渗碳体 (Fe₃C)

渗碳体是铁与碳形成的化合物，含碳量为6.69%。其晶格为复杂的八面体结构，硬度高，脆性大，用4%的硝酸酒精侵蚀后呈白色，用碱性苦味酸钠热蚀后呈黑色，用此法可以区分铁碳合金中的渗碳体和铁素体。由铁碳相图知，随着碳的质量分数的不同，渗碳体有不同的形态：一次渗碳体（Fe_3C_I）是由液态直接析出的渗碳体，呈白色长条状；二次渗碳体（Fe_3C_{II}）是从奥氏体中析出的渗碳体，呈网状分布；三次渗碳体（Fe_3C_{III}）是从铁素体中析出的渗碳体，沿晶界呈小片状；共晶渗碳体（$Fe_3C_{共晶}$）在莱氏体中为连续基体；共析渗碳体（$Fe_3C_{共析}$）是同铁素体交替形成呈交替片状。

2.1.2.3 珠光体 (P)

珠光体是铁素体与渗碳体的机械混合物。在平衡状态下，铁素体和渗碳体是片层相间的层状组织。在高倍下观察时铁素体和渗碳体都呈白色，渗碳体周围有圈黑线包围着，在低倍下当物镜的鉴别能力小于渗碳体厚度的时候，渗碳体就成为一条黑线，见图2-2。

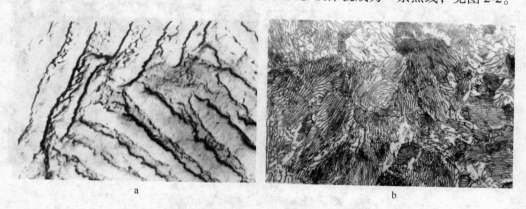

a   b

图 2-2 不同放大倍数下珠光体的显微组织

a—1500×；b—400×

2.1.3 铁碳合金平衡组织

在铁碳状态图上，根据碳的质量分数的不同，铁碳合金分为工业纯铁、碳钢及白口铸铁。

2.1.3.1 工业纯铁

碳的质量分数小于0.0218%的铁碳合金称为工业纯铁。室温下的组织为单相的铁素体晶粒。用4%的硝酸酒精侵蚀后，铁素体呈白色。当碳的质量分数偏高时，在少数铁素体晶界上析出微量的三次渗碳体小薄片，见图2-3。

2.1.3.2　碳钢

碳的质量分数在 0.0218% ~ 2.11% 范围内的铁碳合金称为碳钢，根据钢中含碳量的不同，其组织也不同，钢又分为亚共析钢、共析钢、过共析钢三种。

A　亚共析钢

碳的质量分数在 0.0218% ~ 0.77% 范围内，室温下的组织为铁素体和珠光体。其组织见图 2-4。在图中白色有晶界的为铁素体，黑色层片状的组织为珠光体。随着碳的质量分数的增加，先共析铁素体逐渐减少，珠光体数量增加。

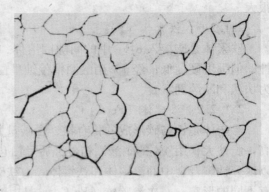

图 2-3　工业纯铁显微组织（100×）

在显微镜下，可根据珠光体所占面积的百分数估计出亚共析钢中碳的质量分数：

$$w(\mathrm{C}) \approx w(\mathrm{P}) \times 0.77\%$$

式中　$w(\mathrm{C})$——碳的质量分数；

　　　$w(\mathrm{P})$——珠光体所占面积的百分数。

a　　　　　　　　　　　　　　　　b

c

图 2-4　亚共析钢的显微组织（100×）

a—20 钢；b—45 钢；c—65 钢

B　共析钢

碳的质量分数在 0.77% 的碳钢为共析钢。室温下的组织为层片状珠光体，见图 2-5。在生产中，通常以 T8 钢作为共析钢处理。

C　过共析钢

碳的质量分数在 0.77%～2.11% 范围的碳钢为过共析钢。室温下的组织为层片状珠光体和二次渗碳体，见图 2-6。用 4% 硝酸酒精侵蚀，二次渗碳体呈白色网状分布在珠光体周围；用碱性苦味酸钠溶液热蚀后，渗碳体呈黑色。

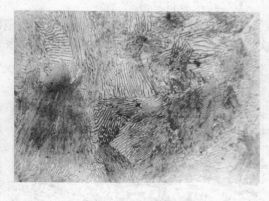

图 2-5　77 钢退火后的组织（100×）

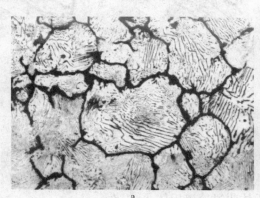

a

b

图 2-6　T12 钢退火后显微组织（400×）
a—用碱性苦味酸钠热蚀；b—用 4% 硝酸酒精侵蚀

2.1.3.3　白口铸铁

含碳量在 2.11%～6.69% 范围内的铁碳合金为白口铸铁。根据含碳量的不同又分为亚共晶白口铸铁、共晶白口铸铁、过共晶白口铸铁三类。

A　亚共晶白口铸铁

碳的质量分数为 2.11%～4.3%，室温组织为珠光体二次渗碳体和低温莱氏体，见图 2-7。黑色树枝状为初生奥氏体转变的珠光体，其周围白色网状物为二次渗碳体。其余为莱氏体，莱氏体中的黑色粒状或短杆状物为共晶珠光体。

B　共晶白口铸铁

碳的质量分数为 4.3%。室温组织为单一的莱氏体，见图 2-8。图中黑色的粒状短杆状为珠光体，白色基体为渗碳体。

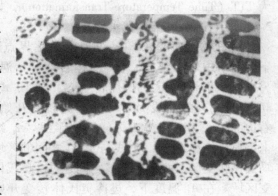

图 2-7　亚共晶白口铸铁显微组织（400×）

C　过共晶白口铸铁

碳的质量分数为 4.3% ~ 6.6% 之间。室温组织为一次渗碳体和莱氏体，见图 2-9。一次渗碳体呈白色长条状，贯穿在莱氏体基体上，其余为共晶莱氏体。

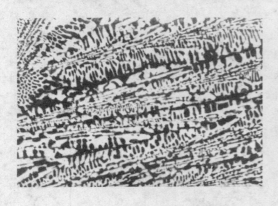
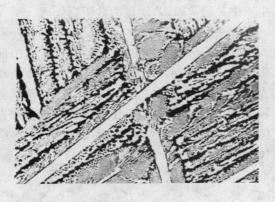

图 2-8　共晶白口铸铁组织（100 ×）　　　　　图 2-9　过共晶白口铸铁组织（100 ×）

2.2　钢的热处理工艺

2.2.1　钢在冷却时的转变

从 Fe-Fe₃C 相图可知，在 A_1 温度以上，奥氏体是稳定的，不会发生转变；在 A_1 温度以下，在热力学上奥氏体是不稳定的，将向珠光体和其他组织转变。这种在临界温度以下存在且处于不稳定状态、将要发生转变的奥氏体叫过冷奥氏体。

在热处理实际生产中，奥氏体的冷却方法有两大类：第一类是等温冷却，即将处于奥氏体状态的钢迅速冷却至临界点以下某一温度并保温一定时间，让过冷奥氏体在该温度下发生组织转变，然后再冷至室温；另一类是连续冷却，即将处于奥氏体状态的钢以一定的速度冷至室温，使奥氏体在一个温度范围内发生连续转变。

2.2.1.1　过冷奥氏体等温转变曲线

过冷奥氏体等温转变曲线称为 C 曲线，也称为 TTT（Time Temperature Transformation），如图 2-10 所示（以共析钢为例）。

图中最上面的水平虚线为钢的临界点 A_1，下方的一根水平线 M_s 为马氏体转变开始温度，另一条水平线 M_f 为马氏体转变终了温度。A_1 和 M_s 之间左边的曲线为过冷奥氏体转变开始线，右边的曲线为过冷奥氏体转变终了线。A_1 线以上是奥氏体稳定区，M_s 线与 M_f 线之间的区域为马氏体转变区。两条 C 曲线之间是过冷奥氏体转变区域。在 A_1 温度下，过冷奥氏体转变开始线与纵坐标间的水平距离为过冷奥氏体在该温度下

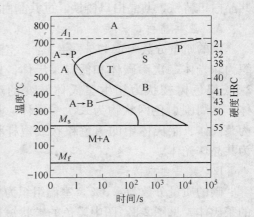

图 2-10　共析钢过冷奥氏体等温转变曲线

的孕育期。在不同温度下等温,其孕育期是不同的。在550℃左右共析钢的孕育期最短,转变速度最快,此处称为C曲线的鼻子。

C曲线的形状和位置会随着材料中的主要成分的不同而变化:

(1)碳含量的影响。与共析钢比较,亚共析钢和过共析钢的C曲线都多出一条先共析相曲线,如图2-11所示。在发生珠光体转变以前,亚共析钢会先析出铁素体,过共析钢则先析出渗碳体。

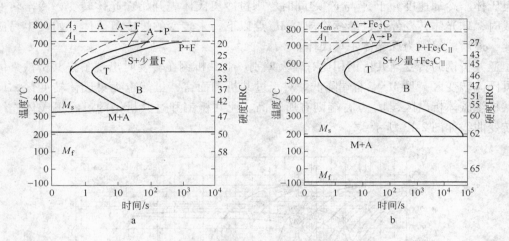

图 2-11　过冷奥氏体等温转变曲线

a—亚共析钢;b—过共析钢

(2)合金元素的影响。材料中加入微量的 B 元素可以明显地提高过冷奥氏体的稳定性。在一般情况下,除 Co 元素和 Al($w(\text{Al})>2.5\%$)元素以外的所有溶入奥氏体中的合金元素,都会增加过冷奥氏体的稳定性,使 C 曲线向右移,并使 M_s 点降低,其中 Mo 元素的影响最为强烈。

(3)奥氏体的晶粒度和均匀化程度的影响。奥氏体晶粒细化有利于新相的形核和原子的扩散,有利于奥氏体先共析转变和珠光体转变,但晶粒度对贝氏体转变和马氏体转变的影响不大。奥氏体的均匀程度越均匀,奥氏体的稳定性越好,奥氏体转变所需时间越长,C 曲线往右移,所以,奥氏体化温度越高,保温时间越长,则奥氏体晶粒越粗大,成分越均匀,从而增加了它的稳定性,使 C 曲线向右移,反之则向左移。

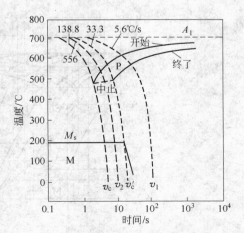

图 2-12　共析钢过冷奥氏体
连续冷却转变曲线

2.2.1.2　过冷奥氏体连续转变曲线

共析钢的过冷奥氏体连续转变曲线只有珠光体转变区和马氏体转变区,无贝氏体转变区,如图2-12所示。珠光体转变区由三条线构成,图中左边一条线为过冷奥氏体转变开始线,右边一条为转变终了线，两条曲线下面的连线为过冷奥氏体转变终止线。M_s 线和临界冷却速度 v_c 线以下为马氏体转变区。

从图可以看出，过冷奥氏体以 v_1 速度冷却时，当冷却曲线与珠光体转变线相交时，奥氏体便开始向珠光体转变，当与珠光体转变终了线相交时，表明奥氏体转变完毕，获得 100% 的珠光体。但冷却速度增大到 v_c 时，冷却曲线不与珠光体转变线相交，而与 M_s 线相交，此时发生马氏体转变。冷至 M_f 点时转变终止，得到的组织为马氏体 + 未转变的残留奥氏体。冷却速度介于 v_c 与 v'_c 之间时，则过冷奥氏体先开始珠光体转变，冷至转变终了线时，珠光体转变停止，继续冷却至 M_s 点以下，未转变的过冷奥氏体开始发生马氏体转变，最后的组织为珠光体 + 马氏体。

亚共析钢的转变与共析钢相比有较大差别。亚共析钢在转变时出现了先共析铁素体区和贝氏体转变区，且 M_s 点右端降低。对于过共析钢而言，虽然也无贝氏体转变区，但有先共析渗碳体析出区，M_s 点右端则有所升高。亚共析钢和过共析钢的过冷奥氏体连续冷却转变曲线如图 2-13 所示。

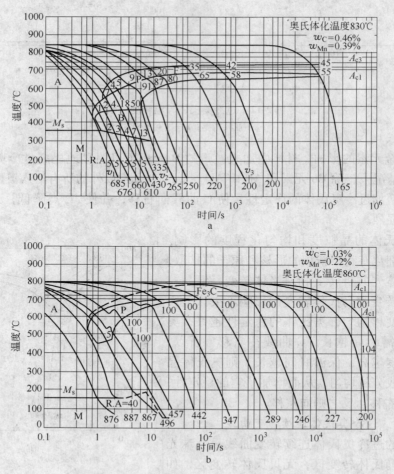

图 2-13　过冷奥氏体连续冷却转变曲线

a—亚共析钢；b—过共析钢

2.2.1.3　钢的珠光体转变

珠光体的转变发生在临界温度 A_1 以下较高的范围内，又称为高温转变。珠光体转变是单相奥氏体分解为铁素体和渗碳体相的机械混合物的相变过程，属于扩散型相变。按照珠光体中的 Fe_3C 形态，可把珠光体分为片状珠光体和粒状珠光体。

片状珠光体是由片层相间的铁素体和渗碳体片组成，若干大致平行的铁素体和渗碳体片组成一个珠光体领域或珠光体团，在一个奥氏体晶粒内，可形成几个珠光体团。图2-14a为扫描电镜下典型的珠光体组织形态。珠光体团中相邻的两片渗碳体（或铁素体）之间的距离称为珠光体片间距。珠光体片间距是用来衡量珠光体组织粗细程度的一个重要指标。珠光体片间距的大小主要与过冷度（即珠光体的形成温度）有关，而与奥氏体的晶粒度和均匀性无关。片状珠光体的力学性能主要取决于片间距和珠光体团的直径。珠光体团的直径越小，片间距越小，则钢的强度和硬度越高，塑性显著升高。

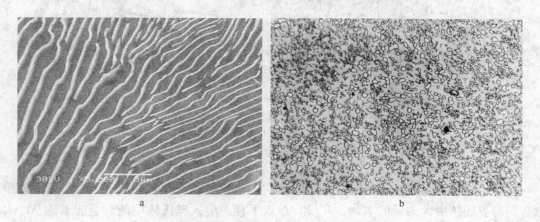

a　　　　　　　　　　　　　　　b

图 2-14　珠光体形态

a—扫描电镜下的片状珠光体（5000×）；b—粒状珠光体组织（500×）

粒状珠光体是由片状珠光体经球化退火后，组织变为在铁素体基体上分布着颗粒状渗碳体的组织。粒状珠光体的力学性能主要取决于渗碳体颗粒的大小、形态与分布状况。一般情况下，钢的成分一定时，渗碳体颗粒越细，形状越接近等轴状，分布越均匀，其强度和硬度就越高，韧性越好。在相同成分下，粒状珠光体的硬度比片状珠光体稍低，但塑性、冷加工性较好。

2.2.1.4　钢的马氏体转变

马氏体转变属于低温转变。钢的马氏体组织是碳在 $\alpha\text{-}Fe$ 中的过饱和固溶体，具有很高的硬度和强度。由于马氏体转变是在较低温度下进行的，此时，碳原子和铁原子均不能进行扩散。马氏体转变过程中的铁的晶格改组是通过切变方式来完成的，所以，马氏体转变是典型的非扩散型相变。马氏体分为板条马氏体和片状马氏体。

板条马氏体是中、低碳钢及马氏体时效钢、不锈钢等铁基合金中形成的一种典型马氏体组织。它是由许多成群的、相互平行排列的板条所组成，如图 2-15a 所示。板条马氏体的空间形态是扁条状，其亚结构主要为高密度的位错。这些位错分布不均匀且相互缠结，形成胞状亚结构。

　　片状马氏体是在中、高碳钢和 Ni 的质量分数大于 20% 的 Fe-Ni 合金中出现的马氏体。片状马氏体的空间形态呈双凸透镜状，由于与试样的磨面相截，在光学显微镜下，则呈针状或竹叶状，所以又称为针状马氏体。马氏体片之间不平行，呈一定的交角，其组织形态如图 2-15b 所示。片状马氏体内部的亚结构主要是孪晶，所以片状马氏体又称孪晶马氏体。

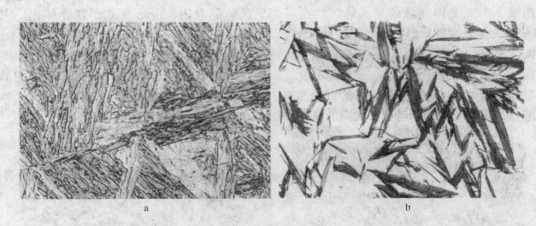

图 2-15　马氏体组织（500×）

a—板条马氏体组织；b—片状马氏体组织

　　影响马氏体转变的主要因素有：

　　(1) 化学成分。钢的 M_s 点主要取决于它的奥氏体成分，其中碳是影响最强烈的因素。随着奥氏体中含碳量的增加，M_s 和 M_f 点下移。溶入奥氏体中的合金元素除 Al、Co 提高 M_s 点，Si、B 不影响 M_s 点以外，绝大多数合金元素均不同程度地降低 M_s 点。

　　(2) 奥氏体晶粒大小。奥氏体晶粒增大会使 M_s 点升高。

　　(3) 奥氏体的强度。随着奥氏体强度的提高，M_s 点降低。

2.2.1.5　钢的贝氏体转变

　　贝氏体转变是介于马氏体和珠光体之间的转变，属于中温转变。其转变特点既有珠光体转变特征，又具有马氏体转变特征。其转变产物是碳过饱和的铁素体和碳化物组成的机械混合物。根据形成温度的不同，可分为上贝氏体和下贝氏体。由于下贝氏体具有优良的综合力学性能，故在工业中得到广泛应用。

　　上贝氏体形成于贝氏体转变区中较高温度范围内。钢中的贝氏体呈成束分布，是平行排列的铁素体和夹于其间的断续的条状渗碳体的混合物。在中、高碳钢中，当上贝氏体形成量不多时，在光学显微镜下可观察到成束排列的铁素体的羽毛状特征。图 2-16a 为上贝氏体的显微组织形态。

　　下贝氏体形成于贝氏体转变区较低温度范围。典型的下贝氏体是由含碳过饱和的片状铁素体和其内部沉淀的碳化物组成的机械混合物。下贝氏体的空间形态呈双凸透镜状，在光学显微镜下呈黑色针状或竹叶状，针与针之间呈一定夹角。图 2-16b 为下贝氏体的显微组织形态。下贝氏体可以在奥氏体晶界上形成，但更多的是在奥氏体晶内形成。

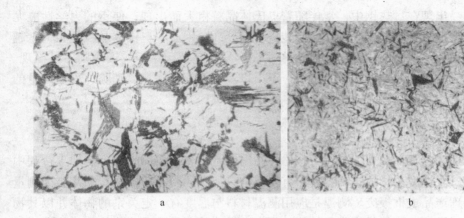

图 2-16　贝氏体形态（500×）

a—羽毛状的上贝氏体；b—黑色针状的下贝氏体

　　粒状贝氏体是近年来在一些中、低碳合金钢中发现的一种贝氏体，形成于上贝氏体转变区上限温度范围内。其组织特征是在粗大的块状或针状铁素体内或晶界上分布着一些孤立的形态为粒状或长条状的小岛，这些小岛是未转变的奥氏体。图 2-17 为粒状贝氏体显微形态。

2.2.1.6　魏氏组织

　　当亚共析钢或者过共析钢在高温以较快的速度冷却时，先共析的铁素体或者渗碳体从奥氏体晶界上沿一定的晶面向晶内生长，呈针状析出。在光学显微镜下，先共析的铁素体或者渗碳体近似平行，呈羽毛或三角状。其间存在

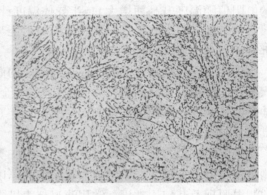

图 2-17　粒状贝氏体的显微组织形态（400×）

着珠光体组织，称为魏氏组织，见图 2-18。生产中的魏氏组织大多为铁素体魏氏组织。

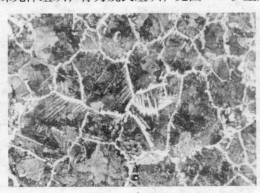
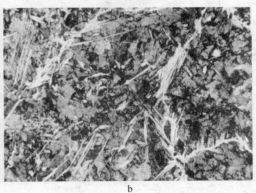

图 2-18　碳钢锻后空冷魏氏组织

a—45 钢铁素体魏氏组织（100×）；b—T12 钢渗碳体魏氏组织（500×）

魏氏组织容易出现在过热钢中，常伴随着奥氏体晶粒粗大而出现，使钢的力学性能尤其是塑性和冲击韧性显著降低，同时使脆性转折温度升高。因此，奥氏体晶粒越粗大，越容易出现魏氏组织。钢由高温较快地冷却下来往往容易出现魏氏组织，慢冷则不易出现。钢中的魏氏组织一般可通过细化晶粒的正火、退火以及锻造等方法加以消除，程度严重的可采用二次正火方法加以消除。

2.2.2　加热温度的测量

众所周知，金属材料在热加工过程中严格控制温度是十分重要的，因为热加工过程中离不开温度的测试。温度测量的正确与否，直接影响热加工的产品质量，有的甚至因测量错误而导致热处理产品成批报废。测温是应用测温材料与温度有一定关系的物体并以其物理性能为基础。通常用物体的热膨胀、气体的压力、导体的电阻、受热物体炽热状态时的辐射能等。测温仪器大致可分下述四类：

第一类，利用二根不同导线间由于温度差而产生电动势来测定温度的热电偶装置。

第二类，利用物质随温度的不同而改变电阻值的特性而制成电阻温度计（利用金属丝的电阻值随温度升高而增大），半导体温度计（利用其阻值随温度的升高而减小）。

第三类，根据受热后炽热物体的辐射能与温度间关系来测定温度称辐射高温计，包括部分辐射高温计和全辐射高温计。

第四类，利用物体热膨胀原理而制成的温度计，有玻璃液体温度计（在细玻璃管中注入水银、酒精，观察其线性方向变化），双金属温度计（由两种线膨胀系数不同的金属在伸长时相对变化来测定温度），压力温度计（在密封容器中充满气体、液体或蒸汽，利用其压力随温度变化测量温度）。

各类的特点为第一类测温范围宽，第二类灵敏度高些，第三类是非接触式测量，可以测量很高温度范围，但误差较大，第四类可以就地测量。下面着重介绍一、二、三类仪表的测温原理及其使用常识。常用测温仪表极限范围见表2-2。

表 2-2　常用测温仪表的测量极限范围

仪表名称	测温范围/℃	
	起始温度	终点温度
工业用水银温度计	−25	500
压力式温度计	0	300
铂热电阻温度计	−200	500
铜热电阻温度计	−50	100
铂铑-铂热电偶	0	1600
镍铬-镍硅热电偶	0	1300
镍铬-考铜热电偶	0	800
光学高温计	700	3200
光电高温计	150	3000
全辐射高温计	400	2000

2.2.2.1 热电偶及其使用

热电偶在所有的测温元件中使用最为广泛。如在热处理过程中，用于测定箱式炉、井式炉中工件退火、正火、淬火加热时的炉温，气体渗碳、碳氮共渗、氮化处理炉温，淬火、回火时盐浴炉加热炉温等。测定时与毫伏计或电位差计配合组成测温系统可精确测定热处理炉的炉温。

A 热电偶的工作原理

热电偶的作用原理是以利用热电偶的热电动势与温度的关系为基础。以最简单的热电偶回路为例，如图2-19所示。它由两根不同金属或合金制成的导线A和B所组成，一根导线的两端任意与另一根导线两端相焊接，形成两个焊接点。设定1为其工作端（又称为热端），用它插入被测物质中测定温度，2为自由端（又称为冷端）。当工作端与自由端温度不一致时，则回路上将有热电动势产生，形成电流，这种现象称为热电效应。如果电流方向从A流向B，则A是正极，B是负极，A、B两根导线又可称为极线。工作端与自由端之间的温度差值愈大，则产生的热电动势也就愈大。若自由端温度始终为一恒定值，则工作端温度的高低便决定了热电动势的大小。如果热电偶自由端不焊在一起，用两根铜线分别引出极线与热电势显示仪表相接，如图2-20所示。那么，仪表的读数就对应于1端的温度了，此时可以进行温度测量。

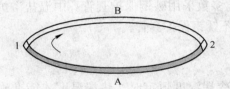

图2-19 热电偶回路

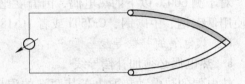

图2-20 热电偶的线路图

热电偶所产生的电动势仅与构成热电偶两导线的材料和冷端、热端之间的温度有关，而与热电偶的长度和直径无关。因此，当两导线材料相同时，则热电动势等于零。两导线的材料虽不相同，但冷热端的温度相同时，热电动势也等于零。

B 热电偶的选择

热电偶可以由任意一对不同金属或合金的导线制成。因此，用排列组合可以做成大量互不相同的热电偶。现介绍三种常用的热电偶，只要根据被测介质及不同的温度范围，就可选用。

当需要在1300℃以下长期使用时，采用铂铑为正极，铂为负极的铂铑-铂热电偶为宜。它在氧化或中性介质中具有较高的热电动势恒定性，配上高灵敏度的电位差计，保证了测温的高准确度，但它在还原性气体和杂质中易变质而产生误差，价格也比较昂贵。

当需要在1000℃以下长期使用时，可采用以镍铬为正极，镍硅为负极的镍铬-镍硅热电偶，它是非贵重金属的热电偶中最耐热的一种热电偶。其电动势值较大，热电动势值与温度间近似线性关系，但在高温下长时间工作于氧化介质中热电偶的电动势易发生变化。

在更低的温度（600℃以下）工作时，可采用镍铬为正极，考铜为负极的镍铬-考铜热电偶，它的电动势大，但更易氧化而改变电动势。常用热电偶有关数据见表2-3。

表 2-3　常用热电偶测量范围及极性

热电偶名称	温度上限/℃		极　性	
	长期使用时	暂时使用时	正　极	负　极
铂铑-铂	1300	1600	铂　铑	铂
镍铬-镍硅	1000	1300	镍　铬	镍　硅
镍铬-考铜	600	800	镍　铬	考　铜

C　热电偶保护套管

一般说来热电偶必须用保护套管，其作用是使得热电偶两根导线之间互相绝缘，因此，要按热电偶的长度配置套管，在接近于热电偶热端区域的绝缘还须考虑在高温下保持套管自身的特性。铂铑-铂热电偶一般用氧化铝或石英材质做套管。其形状有珠形、管形等。镍铬-镍硅热电偶用金属保护套管为多数。保护套管内部构造使热电偶的正负极线之间互不接触，并且与金属套管外壳也不接触。使用金属套管目的在于防护电极不受外界侵蚀，特别用于防止炉内气体的作用，金属套管由耐热钢和镍铬合金制成。空气气氛的中温炉，可采用 1Cr18Ni9Ti 不锈钢管，空气气氛的低温炉，可采用不锈钢、低碳钢套管，也可使端部暴露以获得加热时高灵敏度。

对于测 600℃ 以下的热电偶，因温度比较低，多数采用碳钢保护套管。中温盐浴炉可以使用低碳钢、中碳钢、Cr25Ti 或者 1Cr18Ni9Ti 不锈钢保护套管。

D　热电偶的补偿导线

a　热电偶必须加补偿导线

热电偶的热电动势取决于其两端的温度，当冷端温度恒定时，热端温度才能准确测得。实际上随季节变化，室温是各不相同的，一天之中早晚室温也不尽相同。室温增高、热电偶电动势下降，反之上升。除了天气自然变化因素外，还有客观条件影响，车间里的热处理炉子加热后也会使周围环境温度随之上升，因此热电偶的冷端必须设法安置在温度较低并且较为恒定的温度区域中。用加长热电偶的方法来解决这一矛盾是可以的。根据热电偶原理电极长短不影响热电势大小，但是为了制造和使用上的方便，特别是测高温的铂铑-铂热电偶价格昂贵，过于加长的热电偶是不适宜的。可以采取加补偿导线这一方法来减少由于加热及热电偶自由端的温度变化所产生的测量误差，用补偿导线加长热电偶，使热电偶的自由端引向恒温区域。它的示意图如图 2-21 所示。

图中，A、B 为热电偶的一对热电极，C、D 为一对补偿导线；E、F 为铜连接线；焊点 1、2 的温度皆等于 t_1，焊点 3、4 等于同一温度 t_0。那么，铜导线 E、F 端头的热电势显示计中所显示的值与未加 CD 线比较将保持不变。对于热端来说，加上补偿导线后，1、2 点是原来的冷端，3、4 点就是新的冷端。

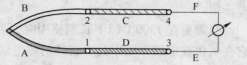

图 2-21　带有补偿导线的热电势显示计线路图

b　如何选择热电偶的补偿导线

选用与电极材料中热电特性相似的其他金属制成。各类热电偶热电特性不同，必须使用相应的补偿导线，使其在一定的温度范围内，补偿导线的电势与其热电偶的电势相符。

如铂铑-铂热电偶在 100℃时，热电动势 $e=0.64\mathrm{mV}$，采用 99.4% 铜作为补偿导线的正极，用 99.4% 铜及 0.6% 镍的合金线作其负极。它在 100℃时热电动势值也为 $e=0.64\mathrm{mV}$，两者相吻合。选用补偿导线可参考表 2-4。

表 2-4　常用热电偶与其相应的补偿导线

热电偶名称	相应的补偿导线名称		标准热电动势值/mV
	正　极	负　极	冷端 0℃，热端 100℃时
铂铑-铂	铜	铜镍合金	0.64
镍铬-镍硅	铜	康铜	4.10
镍铬-考铜	镍铬合金	考铜	6.90

c　补偿导线使用须知

（1）补偿导线要根据表 2-4 配用，如果不相应配合将造成补偿不足或补偿过剩的现象。如，用铜-康铜线作为铂铑-铂热电偶的补偿线，则电势猛增四倍，使显示指针偏向一边，甚至要打弯。

（2）热电偶的正负极与补偿导线的正负极对应相接，否则起不到补偿效果。

（3）补偿导线外表的绝缘材料随时间及温度变迁会逐渐老化，注意及时更换，不要让其绝缘皮剥落而造成正负极相通的现象。

（4）若手头补偿导线标记不明，可根据下述方法验证：把补偿导线的两头绝缘层剥去，一头拧紧，置于沸腾的水中，另一端接于直流电位差计上（一种可测毫伏数的电压的仪表）上读得毫伏数值，查表 2-4 得到补偿导线名称。

（5）若热电偶补偿线的正负极分不清，一般可观察线材料的颜色，如铜线比铜镍合金线偏红色，铜线比康铜线偏红色就是正极，考铜线比镍铬线偏黄色是负极。验证方法可以将其补偿线的一端拧紧接触牢，另一端接于直流电位差计上，在拧紧的一端用电吹风的热风稍微加热，观察其指针偏转方向是否正常即可判断。

E　热电偶冷端的要求及其修正方法

常用热电偶的热电动势值与热电偶工作端温度之间具有线性关系，因此编制出热电偶的温度-毫伏分度关系对照表或者画出毫伏-温度分度关系曲线（基本呈直线）。当热点电动势毫伏数测出后，立刻可查得温度值，但前提是，冷端必须保持分度时的恒温值（0℃），一般用冷端插入冰水中得到。

在冷端是室温时可以进行相应的修正，以得到准确的温度值。

修正的经验公式列于表 2-5 中，表中 t 代表实际温度，t_1 表示显示仪表指示温度，t_0 表示冷端温度。

表 2-5　常用热电偶的经验修正公式

热电偶名称	修正公式	热电偶名称	修正公式
铂铑-铂	$t=t_1+0.5t_0$	镍铬-考铜	$t=t_1+0.7t_0$
镍铬-镍硅	$t=t_1+t_0$		

F　热电偶工作端（热端）位置的准确安置

热电偶的热端原则上应尽量靠近工件，使测得的温度值准确指示出工件所处的环境温度。在实验室条件下，有些物理性能试验还把热电偶的两极热端直接焊在被测试样上。如果工作条件不允许热电偶工作端靠近工件，也要把热电偶安置在有代表性的部位。工件放在炉子中加热，热电偶工作端应放在炉子均温区的中部，工件也放在炉子的均温区中而且尽量靠近热电偶的工作端，决不能把工作端放在炉子的死角里，譬如放在箱式炉的角落里，或盐浴炉的底部，否则测得的值均不能代表其实际温度。

测定液体介质温度时，热电偶在测温介质中的插入深度要大于保护管直径的 6 倍，如果太浅，测得的温度将会偏低。当测定气体介质温度时，插入深度则大于保护管直径的 8 倍。

G　热电偶的定期校验

热电偶在使用过程中会逐渐变质，产生误差，需经常性校对，以修正温度数据，误差大到一定程度要及时更新。用二级热电偶作标准校验过的热电偶称为无级偶。日常实验室或生产中用的一般是无级偶。可以根据校验报告来修正实际测得的温度值。譬如校正报告中指明标准偶 800℃ 时，被校偶为 802℃，那么被校偶实测温度应当减去 2℃ 才对。

通过电位差计可以校验热电偶所检测温度的准确性。以 UJ37 型携带式直流电位差计为例，其电路图如图 2-22 所示，使用方法与步骤为：

（1）校对标准：按极性接上工作电池，调整好检流计指针至零点，再把电键扳向"标准"，同时调节多圈电位器 Rc，使检流计 G 指针回零。

（2）测量：将被测电动势按极性接在未知接线端处，把开关 S 扳向"测量"端，步进盘 A 和滑盘 B 应旋放在适当的位置，

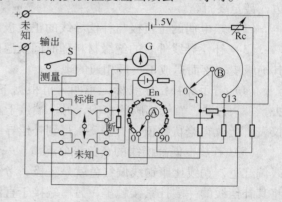

图 2-22　UJ37 型携带式直流电位差计电路图

然后把电键扳向"未知"，调节步进盘和滑盘直至检流计回零。按照：被测电动势 = 步进盘读数 + 滑盘读数。

按图 2-23 示数为 41mV（见图由滑盘中心红线处读数）。若被测电动势产生于自由端

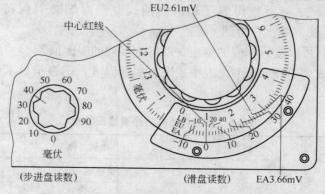

图 2-23　UJ37 型携带式直流电位差计使用图例

不为0℃的三种测温热电偶：镍铬-镍铝（EU）；镍铬-考铜（EA）；铂铑-铂（LB），则可在滑盘指示板上按热电偶自由端温度于刻度处直接读取滑盘读数。

按图示：（EU40℃时）为42.61mV

（EA40℃时）为43.66mV

（3）作标准毫伏发生器：将S开关扳向"输出"，校对标准的程序同前，再把电键扳向"未知"，即可在仪器的未知接线端处直按输出自 $-1 \sim 0 \sim 103$ mV 的标准毫伏值。

2.2.2.2　电阻温度计及其使用

在测温过程中，电阻温度计也是常被采用的一种测温元件。它的外形如图2-24所示。因为它有着鲜明的特点：测量精度高，快速灵敏，适宜测量低温以至于冰点以下的温度范围。因此可应用于中温和低温回火炉及冰冷处理设备的温度测量。

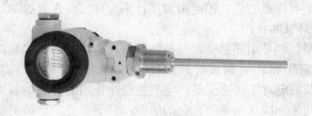

图 2-24　电阻温度计

A　电阻温度计的原理

电阻温度计又称热电阻，它是利用金属在受热时电阻值增加的特性来制成的。金属感受到的温度愈高电阻愈大，反之愈小。把某种金属的电阻随温度变化列成表或制成曲线，只要测得此金属的电阻值就可查得对应的温度。如果把电阻温度计的引出线接上显示仪表，而仪表事先刻好与电阻相对应的温度，那么仪表指示刻度，就可直接读出被测物的温度了。

电阻温度计的受热敏感元件是绕在绝缘材料制的牢固骨架上的细金属丝。绝缘材料通常用石英或瓷料制成。敏感元件长度通常是几个厘米，因此当介质中有温度梯度存在时，电阻温度计仅测出敏感元件所在的范围内的介质层中的某平均温度。图2-25所示的电阻温度计敏感元件是装在用石英螺旋架作绝缘材料的骨架上的。

图 2-25　石英架的铂电阻温度计的敏感元件

B　电阻温度计的分类及使用范围

可用作电阻温度计的感温元件，一般满足下列条件：电阻温度系数 α 要大；金属电阻与温度的关系呈平滑曲线；比阻值要大；金属的物理和化学性能要稳定；复制性要强。因此，常用作电阻温度计的金属有铂、铜、镍、铁等。其中铂和铜常用，镍和铁由于具有较高的电阻温度系数，比阻值十分高，未获得广泛的应用。

在图 2-26 中可以看到，铂、铜两种纯金属的电阻与温度的关系呈直线关系，因此，它们能用下列公式来表示：

$$R_t = R_0 < 1 + \alpha t$$

式中　t——热电阻的温度；

　　　α——感温元件的电阻温度系数；

　　　R_0——感温元件在 0℃时的阻值；

　　　R_t——感温元件在 t℃时的阻值。

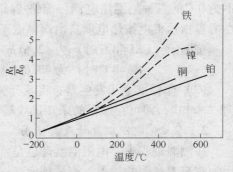

图 2-26　纯金属丝其电阻与温度的曲线关系

热电阻不存在冷端的问题，使用方法和注意事项与热电偶类似，要注意的是：铂电阻温度计不允许安装在有振动的地方。

2.2.2.3　高温计及其使用

热电偶与热电阻，都是用热感受器与被测介质或者物体直接接触以测量其温度，虽然应用广泛，但在测定正在轧制钢板时的温度、测定急速流动的高温气流、测定工件在 1700℃以上温度以及测定对于热感受器产生严重侵蚀作用的介质的温度等，受到限制。这时需要用辐射高温计来解决这些难题，它的感温元件不需直接与被测温度的介质或物体相接触，是一种非接触式测量仪表。

A　光学高温计

a　原理

它的原理是利用被加热物体的温度和它所辐射亮度的对应关系来测量温度的。以炽热物体的亮度来测量温度的辐射高温计叫做部分辐射高温计。它利用的是炽热物体的一部分可见辐射光谱。它广泛地用于测量浇铸、轧制、烧结、锻打等热加工温度，其外形图如图 2-27 所示。此仪器适宜测量 800 ~ 1400℃，及 1200 ~ 2000℃两种量程温度范围。

消丝式的单色光学高温计是光学高温计中最完善的一种，其原理图如图 2-28 所示。它的作用原理是建立在将两种物体的发光亮度进行比较的基础上。其中一个物体是被测物体 1，另一个物体是高温计的白炽灯灯丝 4。当物体的温度高于开始发出可见光的温度时，可用此种温度计根据物体单色亮度进行测量。测量时使物镜 2 对准被测物体 1，一面旋动变阻器 11，一面比较灯丝 4 和被测物体 1 之间的亮度，当高温计灯丝顶部的轮廓消失于 1 之中时，即可在高温电压表 9 上读出被测物体的温度值。

b　使用须知

（1）测量前检查仪器指针的零位是否准确，如果指针不在零位上用调节旋钮使其对准标尺的零位。

（2）把镜筒对准被测物，以测量它的温

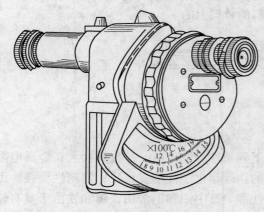

图 2-27　WGG 2 型光学高温计外形图

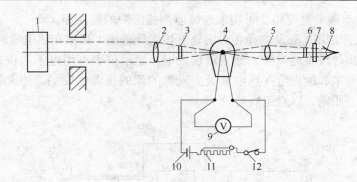

图 2-28　光学高温计原理图

1—被测物体；2—物镜；3—照色滤光镜；4—白炽灯灯丝；5—目镜；6—单色滤光镜（红色）；

7—目镜光阑；8—眼睛；9—电压表；10—蓄电池；11—变阻器；12—开关

度。如果被测物亮度很小则应移出红色滤光镜，此时可作些仪表测量温度前准备工作。当正式测量时应使用红色滤光片，特别在高温范围，更为重要。

（3）测温前要做些准备工作，调节目镜的位置，使灯丝线条清晰，然后调节物镜的位置，使被测物体成像于灯丝的同一平面上，使聚焦清晰。

（4）如果被测物亮度温度高于 1400℃ 时，则在平衡灯丝与对象的亮度时，将吸收玻璃移入光路系统，在这种情况下，物体的亮度对人眼来说将有减弱，可按照测量的第二量程标尺进行亮度温度读数。

（5）光学高温计的"亮度"是在"黑体"炉上进行的，任何被测物体所反映的亮度都比"黑体"在相同温度下所反映的亮度低，故所测得的亮度温度都比实际温度低些。可根据经验或仪器说明书中修正公式予以修正。

（6）光学高温计和被测物之间应避免有水汽、烟雾或尘埃，否则会使测得的读数降低，造成测量误差。

（7）被测物应尽可能避免日光或强烈的灯光的照射，否则也会造成测量误差。

（8）与使用其他精密仪器类同，它应当保持清洁、干燥、防止剧烈的振动，光学透镜常用擦镜纸揩拭洁净。

B　辐射高温计

a　原理

辐射高温计的作用原理是利用被加热体的辐射性质——物体温度与辐射热效应的对应关系来测定温度的。以炽热物体的辐射热效应原理测量温度的仪器称为全辐射高温计（如图2-29所示）。此仪器适宜测量 900～1800℃ 温度范围。

它在测量过程中无需用手工调节，即能从显示器上得到连续的温度指示值。因此不仅可用于温度测量，而且

图 2-29　WFT 型全辐射高温计

可用于记录及自动调整温度用，可用来连续监测盐浴炉的温度等。

图 2-30 为其原理图。被测对象传来的辐射热能经透镜 1 聚集在热电堆的受热靶面 3 上。通过接线柱，引出导线将热电势送至显示仪表上。显示仪表可用电子电位差计或动圈式仪表。目镜 6 用来调节和检查落在热电堆极上光源的像的覆盖情况的。滤光镜 5 是在高温时用，安置在观察者眼前，以避免强光。

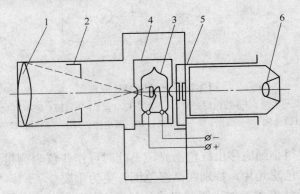

图 2-30　全辐射高温计原理图

1—透镜；2—光阑；3—热电堆的受热靶面；4—遮光罩；5—滤光镜；6—目镜

"热电堆"由一组热电势较大的镍铬-考铜热电偶串联而成。其总电势为各热电偶电势之和。若仅采用单支热电偶，则其输出的电势极为微小，对显示仪表的灵敏度要求提高，给制造带来困难。热电偶的冷端也在辐射感温区域之中，如果区域温度升高，它的输出电势就减小，为了减少这种附加误差，可加设由双金属片控制的补偿光阑。

辐射高温计优于光学高温计之处是它显示值的客观性，避免视觉主观误差。但是自然物体的辐射温度，通常与它的实际温度的差别较之亮度温度的差别大得多。因此借辐射高温计定真实温度，实际上较之用光学高温计所测温度它的准确度更低，前者为 ±30℃，后者为 ±10℃。

b　使用须知

(1) 从目镜中观察辐射体的像完全盖住整个热电堆极，这时根据所使用的全辐射高温计型号说明书，其辐射面积（直径）与测量距离之间应有一定的比例关系，一般为 1:20，即透镜与被测物的表面距离若为 1m，则该辐射体的像的直径不少于 50mm。

(2) 在透射与辐射体之间的视场范围内，避免有水汽、烟雾、尘埃等存在，否则使辐射热能减少，温度偏低，当影响热辐射的介质存在时，要用清洁的压缩空气吹净或用吸风装置吸除。当测量有火焰的炉温时，安装在所谓"燃烧管"中为合适。

(3) 热电堆的冷端，虽已由补偿光阑予以解决，但为了尽可能地降低其环境温度，通常将其置于水冷套中，要注意防止温度过低而造成透镜表面凝集水汽结露，这将会影响示值。另外，冷端温度变化由补偿光阑弥补了，故其和显示仪表的连线不可用补偿导线，而要使用普通的铜线。

(4) 作为指示仪表的毫伏计接在热感受器上后，必须调整导线的电阻，使之适合毫伏计字盘上所指出的数值。一般使用仪表厂配套供应的接线盒，亦已经配置好了。

（5）一般说来辐射高温计仪表指示值总是低于被测物体的实际温度，需进行修正。最好在现场用热电偶对比修正，以调节电位器直到仪表指示对应于真实温度，如不能用热电偶，则用光学高温计对比修正。

（6）辐射高温计要经常保持清洁、干燥，常用擦镜纸拭镜片。携带式的辐射高温计要防止剧烈振动。

2.2.3　加热温度的选择

2.2.3.1　退火

将钢加热到 A_{c3}（或 A_{c1}）以上适当的温度，保温一定时间，然后缓慢冷却，以获得接近平衡状态组织的热处理工艺称退火。退火的种类比较多，可分为完全退火、不完全退火、球化退火、扩散退火、去应力退火、再结晶退火等多种。

A　完全退火

完全退火是将钢加热到 A_{c3} 以上 $30 \sim 50 ℃$，保温足够的时间，使组织完全奥氏体化后缓慢冷却，以获得平衡组织的热处理工艺。完全退火的目的是为了细化晶粒，均匀组织，消除内应力和热加工缺陷，降低硬度，改善切削加工性能和冷塑性变形能力。

B　不完全退火

不完全退火是将钢加热至 $A_{c1} \sim A_{c3}$（亚共析钢）或 $A_{c1} \sim A_{ccm}$（过共析钢）之间，保温后缓慢冷却，以获得接近平衡组织的热处理工艺。主要目的是降低硬度，改善切削加工性能，消除内应力。由于加热温度在两相区温度，组织没有完全奥氏体化，仅使珠光体发生相变，重新结晶转变为奥氏体。因此，基本上不改变先共析铁素体或渗碳体的形态及分布。

C　球化退火

球化退火是使钢中的碳化物球化，获得粒状珠光体的一种热处理工艺。它实际上是属不完全退火的一种退火工艺。球化退火的目的是为了降低硬度，改善机加工性能，以及获得均匀的组织，改善热处理工艺性能，为以后的淬火做组织准备。过共析钢锻件锻后的组织一般为细片状珠光体，如果锻后冷却不当，还会存在网状渗碳体，不仅锻件难于加工，而且增大钢的脆性，淬火时容易产生变形或开裂。因此，锻后必须进行球化退火处理，使碳化物球化以获得粒状珠光体组织。球化退火温度一般在 A_{c1} 以上 $30 \sim 50 ℃$。

D　扩散退火

扩散退火又称为均匀化退火，其目的是消除晶内偏析，使成分均匀化。扩散退火的实质是使钢中各元素的原子在奥氏体中进行充分扩散，所以扩散退火的温度高，时间长。扩散退火加热温度选择在 A_{c3} 或 A_{ccm} 以上 $150 \sim 300 ℃$，保温时间通常是根据钢件最大截面厚度按经验公式来计算，一般不超过 $15h$。保温后随炉冷却，冷至 $350 ℃$ 以下可以出炉。工件经扩散退火后，奥氏体晶粒十分粗大，因此，必须再进行一次完全退火或正火处理，以细化晶粒，消除过热缺陷。

E　去应力退火

去应力退火是将工件加热至 A_{c1} 以下某个温度（一般在 $500 \sim 650 ℃$ 之间），保温一定时间后缓慢冷却，冷至 200～300℃后出炉空冷至室温。去应力退火的目的是为了消除铸、锻、焊、冷冲件中的残余应力，以提高工件的尺寸稳定，防止变形和开裂。

　　F　再结晶退火

再结晶退火是将冷变形后的金属加热到再结晶温度以上，保温适当时间后使变形晶粒重新转变为新的等轴晶粒，同时消除加工硬化和残余应力的热处理工艺。一般钢材的再结晶退火温度为 650～700℃，保温 1～3h，然后空冷至室温。

图 2-31 列举了退火、正火加热温度与 Fe-Fe₃C 相图的关系。

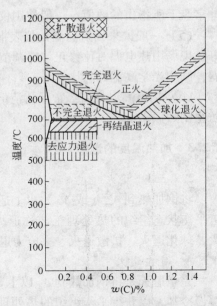

图 2-31　退火与正火加热温度示意图

2.2.3.2　正火

将工件加热到 A_{c3}（或 A_{ccm}）以上，保温适当时间后，在静止的空气中冷却的热处理工艺称为正火。正火要使工件完全奥氏体化，其加热温度与钢的化学成分有关。一般亚共析钢加热温度为 $A_{c3}+(50～70)℃$，共析钢和过共析钢的加热温度为 $A_{ccm}+(50～70)℃$，过共析钢正火的目的主要是消除网状碳化物，为球化做准备。

2.2.3.3　淬火

淬火是将工件加热到 A_{c3} 或 A_{c1} 以上某一温度保温一定时间，然后以适当速度冷却，获得马氏体或贝氏体组织的热处理工艺。工件淬火温度的选择由工件的化学成分来决定。亚共析钢淬火温度为 $A_{c3}+(30～50)℃$；过共析钢淬火温度为 $A_{c1}+(30～50)℃$。

2.2.3.4　钢的回火

回火是指工件淬硬后，再加热到 A_{c1} 点以下某一温度，保温一定时间，然后冷却到室温下的热处理工艺。回火按加热温度分为低温、中温、高温回火三类。

　　A　低温回火（150～250℃）

低温回火后的组织为回火马氏体。硬度变化不大，略有下降，主要目的是降低淬火应力和脆性。低温回火主要用于耐磨件的处理。淬火钢在 250℃ 以下（一般为 150～250℃）回火，得到回火马氏体组织（M回）。由于有细小碳化物在 M针 内弥散沉淀，易于被侵蚀，其显微组织为暗黑色 M针，硬度为 58～64HRC，它仍具有高硬度，高耐磨性，但淬火内应力和脆性减小，冲击韧性有所改善。它主要用于高碳的切削刀具，量具，冷冲模具和滚动轴承及渗碳件等工件的热处理。

　　B　中温回火（350～500℃）

中温回火组织为回火托氏体，目的是获得高的屈服强度。好的弹性和韧性，主要用于弹性零件的热处理。淬火钢件在 350～500℃ 之间的回火，所得组织为回火托氏体（T回）。经中温回火后的组织仍具有 M针 的取向。它的硬度一般为 35～50HRC，冲击韧性较高，特别是钢的屈服强度和弹性极限得到提高。主要用于各种弹簧和热作模具的热处理。

C 高温回火（500~650℃）

高温回火组织为回火索氏体，目的是获得硬度、强度和塑性、韧性都较好的力学性能。主要用于中碳结构钢的热处理。淬火钢件在高于500℃（一般为500~650℃）的回火，得到回火索氏体组织（S回），它是由再结晶的铁素体和均匀分布的细粒状渗碳体组成。硬度约为25~35HRC（200~300HBW）。目的是获得既有一定强度、硬度，又有较好的塑性和韧性的综合力学性能。所以把钢件淬火后再高温回火的复合热处理工艺称为调质。它主要用于中碳结构钢零件的热处理。高于650℃的回火得到回火珠光体（P回），组织形态与球状珠光体近似，可以改善高碳钢的切削性能。

2.2.4 加热时间的选择

热处理加热时间包括工件的加热升温和保温所需的时间。在热处理过程中，加热时间过长，工件组织粗化，表面容易脱碳，过短组织转变不能充分进行，达不到热处理的预期效果。工件的加热时间与钢的成分、原始组织、工件的形状尺寸、加热的介质、装炉量、装炉时的温度等因素都有很大的关系。因此一般生产中常根据工件的有效厚度和实际经验来估算加热时间。一般规定碳钢在箱式电阻炉中加热取1~1.5min/mm，合金钢按2min/mm；在盐浴炉中，保温时间则可缩短1~2倍，在盐炉中取0.5min/mm。回火保温时间的选择原则是保证工件组织转变充分，一般需要1~3h。实验时因工件小、装炉量少，保温30min。

2.2.5 冷却方式的选择

工件热处理后的冷却方式直接决定工件的组织和性能，可根据热处理的目的要求选择。

2.2.5.1 退火、正火的冷却

一般规定退火工艺随炉缓慢冷却至650℃以下，再出炉空冷；正火工艺在空气中冷却。

2.2.5.2 淬火的冷却与淬火方法

A 淬火冷却介质

为了使钢获得马氏体组织，淬火冷却速度必须大于临界冷却速度。但冷速过大又会使工件的内应力增加，使工件变形或开裂的倾向变大。因此，要合理地确定淬火冷却速度，选择适当的淬火介质，以达到既能减小工件变形和开裂的倾向又能获得马氏体组织的目的。

淬火冷却介质的选择，应根据钢的化学成分、工件尺寸的特殊性来选择。一般常用的淬火介质有水、盐水和碱水、油、熔盐等。

a 水

水是冷却能力较强的淬火介质，来源广、价格低、成分稳定不易变质。缺点是在C曲线的"鼻温"区（500~600℃左右），水处于蒸汽膜阶段，冷却不够快，会形成"软点"；而在马氏体转变温度区（300~100℃），水处于沸腾阶段，冷却太快，易使马氏体转变速度过快而产生很大的内应力，致使工件变形甚至开裂。当水温升高，水中含有较多气体或水中混入不溶杂质（如油、肥皂、泥浆等），均会显著降低其冷却能力。因此水适用于截

面尺寸不大、形状简单的碳素钢工件的淬火冷却。

  b　盐水和碱水

  在水中加入适量的食盐和碱，使高温工件浸入该冷却介质后，在蒸汽膜阶段析出盐和碱的晶体并立即爆裂，将蒸汽膜破坏，工件表面的氧化皮也被炸碎，这样可以提高介质在高温区的冷却能力。其缺点是介质的腐蚀性大。一般情况下，盐水的浓度为10%，苛性钠水溶液的浓度为10%~15%，可用作碳钢及低合金结构钢工件的淬火介质，使用温度不应超过60℃。淬火后应及时清洗并进行防锈处理。

  c　油

  冷却介质一般采用矿物质油（矿物油），如机油、变压器油和柴油等。机油一般采用10号、20号、30号机油。油的号越大，黏度越大，闪点越高，冷却能力越低，使用温度相应提高。目前使用的新型淬火油主要有高速淬火油、光亮淬火油和真空淬火油三种。

  高速淬火油是在高温区冷却速度得到提高的淬火油。获得高速淬火油的基本途径有两种，一种是选取不同类型和不同黏度的矿物油，以适当的配比相互混合，通过提高特性温度来提高高温区冷却能力；另一种是在普通淬火油中加入添加剂，在油中形成粉灰状浮游物。添加剂有钡盐、钠盐、钙盐以及磷酸盐、硬脂酸盐等。生产实践表明，高速淬火油在过冷奥氏体不稳定区冷却速度明显高于普通淬火油，而在低温马氏体转变区冷速与普通淬火油相接近。这样既可得到较高的淬透性和淬硬性，又大大减少了变形，适用于形状复杂的合金钢工件的淬火。

  光亮淬火油能使工件在淬火后保持光亮表面。在矿物油中加入不同性质的高分子添加物，可获得不同冷却速度的光亮淬火油。这些添加物的主要成分是光亮剂，其作用是将不溶解于油的老化产物悬浮起来，防止在工件上积聚和沉淀。另外，光亮淬火油添加剂中还含有抗氧化剂、表面活性剂和催冷剂等。

  真空淬火油是用于真空热处理淬火的冷却介质。真空淬火油必须具备低的饱和蒸汽压，较高而稳定的冷却能力以及良好的光亮性和热稳定性，否则会影响真空热处理的效果。

  d　熔盐

  熔盐通常选用氯化钠、氯化钾、氯化钡、氰化钠、氰化钾、硝酸钠、硝酸钾等盐类作为加热介质，使用盐浴炉作为加热的工业炉。根据炉子的工作温度，盐浴炉的加热速度快，温度均匀。工件始终处于熔盐内加热，工件出炉时表面会附有一层盐膜，所以能防止工件表面氧化和脱碳。使用熔盐作为淬火介质可以使工件保持恒定温度进行等温，控温准确，但熔盐的蒸气对人体有害，使用时必须通风。

  e　新型淬火剂

  主要有聚乙烯醇水溶液、三硝水溶液和PAG淬火液等。

  聚乙烯醇常用质量分数为0.1%~0.3%之间的水溶液，其冷却能力介于水和油之间。当工件淬入该溶液时，工件表面形成一层蒸汽膜和一层凝胶薄膜，两层膜使加热工件冷却。进入沸腾阶段后，薄膜破裂，工件冷却加快。当达到低温时，聚乙烯醇凝胶膜复又形成，工件冷却速度又下降，所以这种溶液在高、低温区冷却能力低，在中温区冷却能力高，有良好的冷却特性。

　　三硝水溶液由 25% 硝酸钠 + 20% 亚硝酸钠 + 20% 硝酸钾 + 35% 水组成。在高温（650~500℃）时由于盐晶体析出，破坏蒸汽膜形成，冷却能力接近于水。在低温（300~200℃）时由于浓度极高，流动性差，冷却能力接近于油，故其可代替水-油双介质淬火。

　　PAG 淬火液是一种高分子聚合物水溶性淬火液，克服了水冷却速度快，易使工件开裂，油品冷却速度慢，淬火效果差且易燃等缺点。PAG 淬火液具有独特的逆溶性（一般称之为浊点效应），安全，环保，使用寿命长，使用成本低。PAG 淬火液在热处理得到广泛应用，使用能有效改善工作环境，提高零件的淬火质量，降低生产成本，是一种成熟的热处理淬火介质。

　　B　淬火方法

常用的冷却方式有单液淬火法、双液淬火法、分级淬火法或等温淬火法，见图 2-32。

　　a　单液淬火

单液淬火就是将加热到奥氏体状态的工件淬入某种淬火介质中，使工件连续冷却至介质温度的淬火方法。一般的单液淬火就是将碳钢淬入水中，合金钢淬入油中。

　　b　双液淬火

双液淬火常用于合金钢中，方法是将加热到奥氏体状态的工件先在冷却能力强的淬火介质中快速冷却至接近 M_s 点的温度，然后再移入冷却能力较弱的淬火介质中继续冷却，使过冷奥氏体在缓慢冷却条件下转变为马氏体。这种方法既可以保证淬火工件得到马氏体组织，又可降低工件的残余应力，从而减少工件变形开裂的倾向。

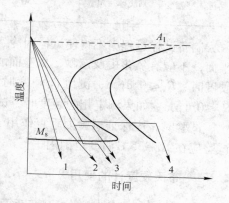

图 2-32　各种淬火方法冷却曲线
1—单液淬火；2—双液淬火；
3—分级淬火；4—等温淬火

　　c　分级淬火法

分级淬火法是将加热至奥氏体状态的工件先淬入高于 M_s 点的热浴中停留一定时间，待工件各部分与热浴的温度一致后取出空冷至室温，完成马氏体转变的方法。这种淬火方法由于马氏体转变是在缓慢条件下完成的，所以能有效降低工件的淬火应力，预防工件的变形和开裂。

　　d　等温淬火法

等温淬火法是将加热到奥氏体状态的工件淬入温度稍高于 M_s 点盐浴中等温，保持足够长的时间，使之转变成下贝氏体组织，然后将工件取出在空气中冷却的淬火方法。

2.3　钢的热处理工艺组织的效验

　　热处理后的金相组织的效验可以通过磨制金相试样的方法来效验，但通过检测硬度的方法更为快捷，并广泛应用于热处理车间。表 2-6 是共析钢过冷奥氏体在热处理后的组织及硬度。在生产实践中，常采用检测工件的硬度以检验热处理工艺是否满足使用要求。

表 2-6　共析钢过冷奥氏体在不同温度等温转变的组织及硬度

转变类型	组织名称	形成温度范围/℃	显微组织特征	硬度 （HRC）
珠光体型相变	珠光体（P）	>650	在 400～500 倍金相显微镜下可以观察到铁素体和渗碳体的片层状组织	~20 （HBW180～200）
	索氏体（S）	600～650	在 800～1000 倍以上的显微镜下才能分清片层状特征，在低倍下片层模糊不清	25～35
	托氏体（T）	550～600	在光学显微镜下呈黑色团状组织，只有在 5000～15000 倍电子显微镜下才能看出片层状	35～40
贝氏体型相变	上贝氏体（$B_上$）	350～550	在金相显微镜下呈暗灰色的羽毛状特征	40～48
	下贝氏体（$B_下$）	230～350	在金相显微镜下呈黑色针叶状特征	48～58
马氏体型相变	马氏体（M）	<230	呈细针状马氏体（隐晶马氏体），过热淬火时则呈粗大片状马氏体	60～65

制备试样过程中不得使试样因冷、热加工影响试验面原来的硬度。试验面应为光滑的平面，不应有氧化皮及污物，试验面的粗糙度因试验方法不同而不同：测布氏硬度、洛氏硬度时，$R_a \leqslant 0.8\mu m$；测维氏硬度时，$R_a \leqslant 0.2\mu m$；测小负荷维氏硬度和显微硬度时，$R_a \leqslant 0.1\mu m$。如果测定相的硬度时，试验面应进行抛光和腐蚀制成金相试样。

试验时，应保证试验力垂直作用于试验面上，保证试验面不产生变形、挠曲和振动。试验应在 10～35℃温度范围内进行。

2.3.1　布氏硬度计的使用

金属布氏硬度值是单位压痕表面积所承受的外力。用一定大小的载荷，把一定直径的淬火钢球或硬质合金球压入被测金属表面，保持一定时间后卸除载荷，测量金属表面的压痕直径，就可通过计算或查表得出布氏硬度值。计算公式如下：

$$HB = 0.102 \frac{2F}{\pi D(D - \sqrt{D^2 - d^2})}$$

式中　HB——布氏硬度符号；

　　　F——载荷，N；

　　　D——球直径，mm；

　　　d——压痕平均直径，mm。

当压头为钢球时，布氏硬度用 HBS 表示（国家标准已取消）；当压头为硬质合金球时，用 HBW 表示。

布氏硬度是在试验力与压头直径一定的条件下进行试验的。只有这样，对不同试样所测的数据才能进行比较。因为有的试样软硬不同，厚薄不同，如果只采用一种实验力和钢球直径，那么对厚试样合适，对薄的试样就有可能压穿变形。对硬试样合适，而对软试样钢球可能陷入工件内。因为试样硬度不一样，尺寸不一样，所以，必须选择不同的实验力和相对应的钢球直径，才能避免试验误差。因此，试验力 F(N)与压头直径 D(mm)必须满足：

$$\frac{0.102F_1}{D_1^2} = \frac{0.102F_2}{D_2^2} = \frac{0.102F_3}{D_3^2} = \cdots = K(常数)$$

2.3.1.1 试验规范的选择

布氏硬度试验时应根据测试材料的硬度和试样厚度选择试验规范，即压头材料与直径、F/D^2 值、试验力 F 及试验力保持时间 t。

A 压头材料与直径的选择

压头有淬火钢球和硬质合金球两种。淬火钢球适用于测量 450HBS 以下材料（如热轧或正火、退火钢材，灰铸铁，有色金属及其合金等）的硬度，硬质合金压头适用于测量 450HBS 以上材料（如调质钢、淬火钢）的硬度。

球体直径 D 的选择按 GB 231—2003《金属布氏硬度试验方法》有五种，即 10mm、5mm、2.5mm、2mm 和 1mm。压头直径可根据试样厚度选择，见压头直径、压痕平均直径与试样最小厚度关系表。选择压头直径时，在试样厚度允许的条件下尽量选用 10mm 球体作压头，以便得到较大的压痕，使所测的硬度值具有代表性和重复性，从而更充分地反映出金属的平均硬度。

B F/D^2、试验力 F 及试验力的选择

F/D^2 比值有七种：30、15、10、5、2.5、1.25 和 1。其值主要根据试验材料的种类及其硬度范围来选择。

球体直径 D 和 F/D^2 比值确定后，试验力 F 也就确定了。

试验须保证压痕直径 d 在 $(0.24 \sim 0.6)D$ 范围内，试样厚度为压痕深度 10 倍以上。

C 试验力保持时间 t 的选择

试验力保持时间 t 主要根据试样材料的硬度来选择，见表 2-7。黑色金属：$t = 10 \sim 15s$；有色金属：$t = (30 \pm 2)s$；小于 35HBS 的材料：$t = (60 \pm 2)s$。

表 2-7 不同材料布氏硬度检测参数选择表

金属种类	布氏硬度值（HB）	试样厚度/mm	$0.102F/D^2$	钢球直径 D/mm	载荷 kN	载荷 kgf	保持时间/s
黑色金属	140 ~ 450	6 ~ 3	30	10	29.42	3000	12
		4 ~ 2		5	7.355	750	
	< 140	< 2	10	2.5	1.839	187.5	12
		> 6		10	9.807	1000	
		6 ~ 3		5	2.452	250	
有色金属	> 130	6 ~ 3	30	10	29.42	3000	30
		4 ~ 2		5	7.355	750	
		< 2		2.5	1.839	187.5	
	36 ~ 130	9 ~ 3	10	10	9.807	1000	30
		6 ~ 3		5	2.452	250	
	8 ~ 35	> 6	2.5	10	2.452	250	60

2.3.1.2　布氏硬度计的结构

HB-3000 型布氏硬度计由机体、工作台、压头、大小杠杆、减速器、换向开关等部件组成，如图 2-33 所示。

2.3.1.3　布氏硬度试验过程

布氏硬度试验过程为：

（1）试验前，应使用与试样硬度相近的二等标准布氏硬度块对硬度计进行校对，即在硬度块上不同部位测试五个点的硬度，取其平均值。其值不超过标准硬度块硬度值的 ±3% 方可进行试验，否则应对硬度计进行调整、修理。

（2）接通电源，打开电源开关。将试样安放在试验机工作台上，转动手轮使工作台慢慢上升，使试样与压头紧密接触，直至手轮与螺母产生相对滑动。同时应保证试验过程中试验力作用方向与试验面垂直，试样不发生倾斜、移动、振动。

启动按钮开关，在施力指示灯亮的同时迅速拧紧压紧螺钉，使圆盘随曲柄一起回转，直至自动反向转动为止，施力指示灯熄灭。从施力指示灯亮到熄灭的时间为试验力保持时间，转动手轮取下试样。

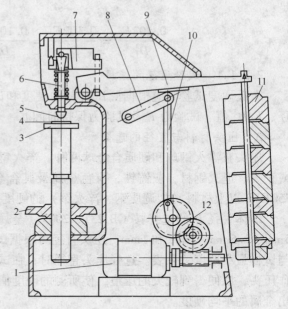

图 2-33　HB-3000 型布氏硬度计

1—电动机；2—手轮；3—工作台；4—试样；5—压头；
6—压轴；7—小杠杆；8—摇杆；9—大杠杆；
10—连杆；11—砝码；12—减速器

（3）用读数显微镜在两个互相垂直的方向测量出试样表面的压痕直径 d_1。

（4）重复以上操作，至少测三个点，取压痕直径的算术平均值作为压痕直径 d。

（5）根据压痕直径 d 计算或查表求得布氏硬度值。

测量布氏硬度时，应保证：试样厚度至少为压痕深度的 10 倍，试验后支撑面应无可见变形痕迹；压痕中心至试样边缘的距离应不小于压痕平均直径的 2.5 倍；两相邻压痕中心距离不小于压痕平均直径的 4 倍；当试样硬度小于 35HBS 时，上述距离分别为压痕平均直径的 3 倍和 6 倍。

2.3.2　洛氏硬度计的使用

洛氏硬度测定法是用压头锥角为 120° 的金刚石圆锥或直径为 $\phi1.588\mathrm{mm}$ 的钢球，在先后施加两个试验力（初试验力和主试验力）的作用下压入金属表面，在总载荷作用后，卸除主载荷而保留初载荷时的压入深度之差来表示硬度，深度差越大，则硬度越低，反之，则硬度越高。

2.3.2.1　金属洛氏硬度试验方法

为了确定洛氏硬度值的大小，规定压头每压入 0.002mm 深度为一个洛氏单位，即压痕深度/0.002。若直接以压痕深度作为硬度值，则出现材料越软，压痕深度越深，其值越大；金属材料越硬，其值反而越小。这与人们通常的认识相反。为此，规定一常数 K 减去压痕深度/0.002 来表示硬度的高低。其计算公式为：

$$HR = K - \frac{压痕深度}{0.002}$$

当采用金刚石圆锥压头时，$K=100$；当采用淬火钢球时，$K=130$。

金属洛氏硬度试验常用的三种标尺 HRA、HRB、HRC。在实际应用中，被测试样的硬度值可以由表盘直接读出，不需要根据上式进行计算。

洛氏硬度三种标尺的试验条件和应用见表 2-8、表 2-9。

表 2-8 硬度计各标尺与压头、试验力关系表

标 尺	压头种类	初试验力/N（kgf）	总试验力/N（kgf）
A	金刚石圆锥压头		588.4（60）
D			980.7（100）
C			1471（150）
F	φ1.588mm（1/16″）钢球压头		588.4（60）
B			980.7（100）
G			1471（150）
H	φ3.175mm（1/8″）钢球压头（特殊附件）	98.07（10）	588.4（60）
E			980.7（100）
K			1471（150）
P	φ6.35mm（1/4″）钢球压头（特殊附件）		588.4（60）
M			980.7（100）
L			1471（150）
R	φ12.7mm（1/2″）钢球压头（特殊附件）		588.4（60）
S			980.7（100）
V			1471（150）

表 2-9 常用三种洛氏硬度标尺试验规范

标 尺	压头种类	测量范围 HR	总试验力/N（kgf）	使 用 范 围
A	金刚石圆锥压头	20~88	588.4（60）	测定小件、薄板材料或薄表面层的硬度
B	钢球压头	20~100	980.7（100）	测定较软的金属或未经淬火的材料
C	金刚石圆锥压头	20~70	1471（150）	测定淬火后的材料

2.3.2.2 洛氏硬度计的结构

HR-150D 型电动洛氏硬度计的结构件如图 2-34 所示。

2.3.2.3 金属洛氏硬度试验过程

金属洛氏硬度试验过程为：

（1）试验前，应对硬度计进行校对，方法与布氏硬度计的校对方法相同。要求平均硬度值不超过标准块硬度值的 ±1%~1.5% 时，方可进行试验，否则，应对硬度计进行调

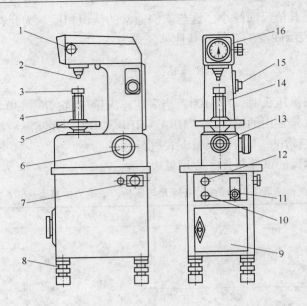

图 2-34　HR-150D 型电动洛氏硬度计

1—指示器调节钮；2—压头；3—试台；4—升降丝杠；5—升降手轮；6—变荷手轮；7—电源插头；
8—支脚；9—工作柜；10—"调整"自动选择开关；11—试验力保持时间调节旋钮；
12—电源开关；13—启动按钮；14—机体；15—缓冲器调剂旋钮；16—测量指示器

整、修理。

（2）将试样稳定地放置在试验机工作台上，旋转硬度计手轮使工作台和试样一起上升，试样表面与压头接触后继续转动手轮。硬度计表盘指针开始转动，说明已开始施加初试验力，至 98.1N（10kgf，指针达到规定标志）时，停止转动手轮。

（3）调整表盘使指针指向零点（测 HRB 时对准"30"）时后，在 4～8s 内施加完主应力。

（4）试验力的保持时间以指针基本停止移动为准开始计算时间，其时间推荐如下：施加试验力后不随试样继续变形的试样，保持时间为不大于 2s；加试验力后随时间慢慢变形的试样，保持时间为 6～8s；加试验力后随时间有明显变形的试样，保持时间为 20～25s。

（5）在 2s 内平稳地卸除主试验力，保持初试验力。

（6）从相应的标尺刻度上读出硬度值，精确度应为 0.5 刻度。

（7）重复以上操作，对每个试样的试验次数不得少于 4 次（第一次不计）。

（8）采用读数范围作为硬度值或采用读数的算术平均值作为硬度值。

测量试样的洛氏硬度值时，每次更换压头、载物台或支座后的最初两次试验结果不能采用。保证相邻压痕中心距及压痕中心至边缘距离均不小于 3mm。

2.3.2.4　洛氏硬度计的特点

洛氏硬度计的优点是操作迅速简便，可以直接读出数值，压痕小，对一般工件不造成损伤。因有不同的标尺和压头，可以测极软到极硬材料的硬度，不存在压头变形问题。缺点是因压痕小，对粗大组织结构的材料（如铸铁等）缺乏代表性，数值波动性大。

2.3.3 维氏硬度计的使用

金属维氏硬度试验方法与布氏硬度试验方法基本相同，也是根据压痕单位表面积所承受的试验力来表示硬度值，不同之处是维氏硬度试验所用压头是两对面夹角为136°的金刚石正四棱锥体。对试样施力后，将在试样表层压出一个正四棱锥形的压痕，保持规定时间卸除试验力后，测量压痕表面正方形（实际情况下可能为菱形等形状）的对角线长度 d_1、d_2，取其算术平均值 $d(d = (d_1 + d_2)/2)$，由 d 值可通过计算或查表可得维氏硬度值。

2.3.3.1 金属维氏硬度试验方法

A 试验方法及试验力的选择

维氏硬度试验常用试验力范围为 49.03 ~ 980.7N。使用时应根据材料的预期硬度、试样厚度、试验目的进行选择。尽可能选用较大试验力，以减小压痕尺寸的测量误差。

B 试验力保持时间的选择

试验力保持时间因材料不同而异：黑色金属为 10 ~ 15s；有色金属为（30 ± 2）s。

2.3.3.2 金属维氏硬度试验过程

A 试验前的准备工作

估计或验证试样或试验层厚度至少为压痕对角线平均长度的 1.5 倍。

对硬度计进行检查。在没有安装试样的状态下启动硬度计，检查各部位的运转情况，然后用二等标准硬度块检查硬度计的示值精度是否在允许范围内（±3% 硬度块示值），如果超差时，应排除故障后方能进行试验。

试验力的选择应根据试样厚度、预计硬度值及硬化层深度来选择。为得到精确的试验结果，应尽量选用较大的试验力，但试样硬度大于 500HV 时，不允许选用大于 490.3N（50kgf）的试验力，以免损坏压头。

当测定金属表面处理后的硬度时，表面处理层越薄，应选择越小的试验力。如不知道表面层硬度时，可选择不同级别的试验力由小级别到大级别进行尝试性试验，直到两级试验力测出的硬度值基本相等为止，并选用小一级试验力进行正常试验。

B 维氏硬度试验过程

选择试验力；接通电源，打开电源开关；根据所需试验力，转动手柄使所需试验力数字对准标记；将试样放在工作台上，试验力施加时间为 2 ~ 8s，此时指示灯亮，试验力保持一段时间（黑色金属为 10 ~ 15s；有色金属为（30 ± 2）s），卸除试验力，指示灯熄灭；转动手轮使试样表面脱离金刚石压头（约 7mm）；转动转盘手柄使物镜对准压痕，转动手轮至能在测微目镜中看到清晰的压痕为止；测量压痕两对角线长度，取其算术平均值即为压痕对角线长度；根据压痕对角线长度和所用试验力在维氏硬度换算表中查出硬度值；重复上述步骤，每个试样至少测量三个点，且两相邻压痕中心距和任一压痕中心距试样边缘距离是：黑色金属不小于 2.5d；有色金属不小于 5d；同时同一压痕对角线 d_1、d_2 之差不超过短对角线长度的 2%。

C 显微维氏硬度试验过程

调节显微硬度计底座下面的螺钉，使圆水泡居中，将仪器的工作台处于水平位置；根据材料的情况选择合适的试验力和保持时间；接通电源，打开开关；将试样放在工作台上，使之在显微镜的物镜下，转动升降手柄，调整焦距，并转动纵、横向微分筒，在视场里找出待测区域；通过手柄移动工作台至压头下（移动时试样不要活动）；施加试验力，试验力的施加时间不大于 10s，保持 10～15s；卸除试验力，将工作台轻轻移至显微镜的物镜下（移动时不要让试样活动）；测量压痕对角线长度，调整纵、横微分筒和测微目镜的鼓轮，使压痕的棱角和目镜中十字交叉线中心精确地重合，读出所测数值，然后转动鼓轮使十字交叉线中心对准压痕的对面棱角（有时棱边不是一直线，而是一曲线时，应以棱角顶点为准），读出所测数值。两值之差即为压痕对角线长度，根据放大倍数求出压痕对角线实际长度；根据试验力、对角线长度在显微维氏硬度换算表中查出硬度值；重复上述步骤，每个试样一般不少于 3 个测试点，测对角线长度时测量精度应达到 0.4% 或 0.2μm，相邻两压痕中心距离和压痕中心至试样边缘应大于 2.5d（d 以大压痕的对角线计算）。

本章思考题

1. 渗碳体有几种，它们的形态有什么不同？
2. 室温下基本相和组织组成物的基本特征是什么？
3. 马氏体有几种类型，其组织形态如何？
4. 贝氏体有几种类型，其组织形态如何？
5. 常见不同热处理方式加热温度的范围是什么？
6. 常见淬火介质的种类及优缺点是什么？
7. 热处理保温时间是如何确定的？
8. 常用热电偶的种类及适用范围是什么？
9. 电阻温度计的分类及使用范围是什么？
10. 高温温度计的分类及使用范围是什么？
11. 金属布氏、洛氏、维氏硬度试验方法的测量原理有何不同？
12. 金属布氏、洛氏、维氏硬度试验方法的应用范围是什么？
13. 金属布氏、洛氏、维氏硬度三种硬度试验方法获得实验数据的途径有何不同？

3 典型材料的金相组织及常见缺陷

本章重点：

（1）碳钢在热处理后常见组织的特点。

（2）常见的热处理缺陷的分类及产生的原因。

（3）灰口铸铁、球墨铸铁、可锻铸铁和蠕墨铸铁的金相检验。

（4）常用碳素工具钢、合金工具钢的热处理与金相检验。

（5）高速钢、模具钢的热处理与金相检验。

（6）弹簧钢、轴承钢、特殊性能钢的热处理与金相检验。

（7）渗层的组织观察与检验。

（8）铁素体钢的奥氏体晶粒度显示方法。

（9）有色金属的常见组织。

3.1 碳钢的金相组织

碳元素是碳素钢中最主要的合金元素。随着碳元素含量的不同，不同的热处理工艺可以得到不同的组织。

3.1.1 平衡状态的组织

平衡状态下，碳钢的金相组织主要以铁素体、珠光体、渗碳体等形式存在，如前面章节 2.1.3 铁碳合金平衡组织中所示。

3.1.2 热处理后的组织

碳钢在热处理后，主要是淬火、回火后可以得到非平衡状态的组织。在热处理后的组织主要有以下几种：

3.1.2.1 马氏体 M

在碳钢中，马氏体是碳固溶于 α-Fe 中的过饱和固溶体；在合金钢中，是碳和合金元素在 α-Fe 中的过饱和固溶体。根据其形态可以将马氏体分为低碳的板条状马氏体和高碳的针状马氏体。

板条状马氏体是尺寸大致相同的细马氏体定向的平行排列，组成马氏体束，在束和束之间存在一定的位向，一颗原始的奥氏体晶粒中可以形成几个不同取向的马氏体束。

针状马氏体是在一个奥氏体晶粒内形成的第一片马氏体，针较粗大，贯穿整个奥氏体晶粒，将奥氏体加以分割，限制以后形成的马氏体针的大小。因此针状 M 大小不一，但基本上按 60°角分布。马氏体针叶中有一中脊面，含碳量越高越明显，并在 M 周围有残留奥氏体（A′）存在。如图 3-1 中 45 钢 900℃淬火后得到金相组织（组织为板条马氏体 + 针状马氏体 + 残留奥氏体组织）。

3.1.2.2　贝氏体 B

钢的中温转变产物，基本上是铁素体与渗碳体两相的机械混合物，可分为羽毛状的上贝氏体、针状的下贝氏体和粒状贝氏体，如图 3-2 中 GCr15 钢等温淬火后的贝氏体组织图所示。

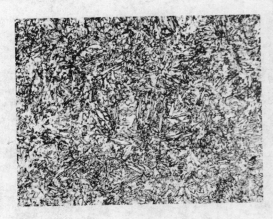

图 3-1　45 钢 900℃淬火组织（500 ×）

图 3-2　GCr15 钢 1000℃加热 300℃
等温 3min 淬火（500 ×）

粒状贝氏体的特征是：外形相当于多边形的铁素体，在铁素体内部存在不规则的小岛状组织。

3.1.2.3　残留奥氏体 A′

残留奥氏体是淬火未能转变成马氏体而保留到室温的奥氏体，存在于淬火后的马氏体之间，无固定相态，被 4% 硝酸酒精侵蚀后颜色变亮。

3.1.2.4　回火马氏体 M回

回火马氏体是淬火钢在低温回火（150 ~ 250℃）后的产物，如图 3-3 所示。当钢加热到约 80℃时，其内部原子活动能力有所增加，马氏体中的过饱和碳开始逐步以碳化物的形式析出，马氏体中碳的过饱和程度不断降低，同时，晶格畸变程度也减弱，内应力有所降低。

这种过饱和程度较低的马氏体和极细的碳化物所组成的组织，称为回火马氏体。基本特征是：回火马氏体仍具有马氏体特征，经腐蚀后颜色比淬火马氏体深。

3.1.2.5　回火托氏体 T回

回火托氏体是淬火钢在中温（350 ~ 500℃）回火后的产物。实际上是铁素体基体内分布着极其细小的碳化物（或渗碳体）球状颗粒。在光学显微镜下高倍放大也分辨不出其内部构造，只看到其总体是一片黑的复相组织。只有在电子显微镜下才可以分辨出其铁素体和渗碳体的片层结构。基本特征是：M 针形逐渐消失，但仍然隐约可见，回火时析出的碳化物细小，在光学显微镜下难以分辨。如图 3-4 所示 45 钢在淬火后 400℃回火后在电镜下得到的回火托氏体组织沿马氏体位向析出碳化物的数量明显高于回火马氏体组织。

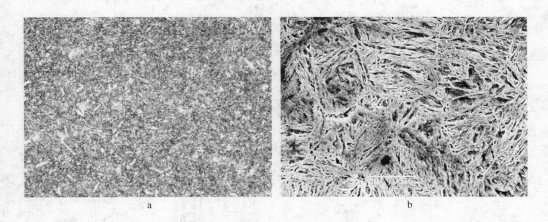

图 3-3　45 钢回火马氏体组织

a—金相显微镜放大（500×）；b—扫描电镜放大（5000×）

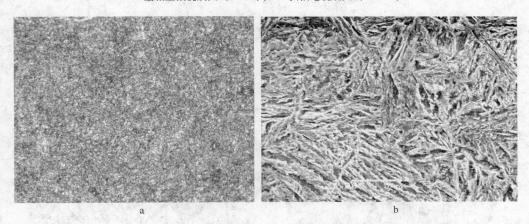

图 3-4　45 钢回火托氏体组织

a—金相显微镜放大（500×）；b—扫描电镜放大（4000×）

3.1.2.6　回火索氏体 $S_{回}$

回火索氏体组织又称调质组织。淬火钢在 500～650℃ 回火时，随着温度的升高，使细小的渗碳体颗粒自发地合并长大，聚集成较大的颗粒。其结果就是得到颗粒较大的渗碳体与铁素体所组成的机械混合物，这就是回火索氏体。回火索氏体的渗碳体基本属于颗粒状，基本特征是：铁素体＋细小颗粒状碳化物，在光学显微镜下可见，如图 3-5 所示在金相显微镜和扫描电镜下特征。

3.1.2.7　常见组织的鉴别

前面提到的某些组织在光学显微镜下有时难于鉴别，现将难于分辨的几种热处理后的组织的鉴别方法汇总如下：

A　F 网与 Fe_3C 网的鉴别

F 网与 Fe_3C 网的鉴别主要有以下几种方法。

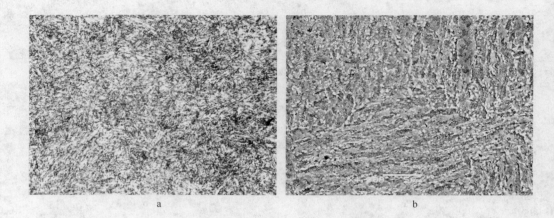

图 3-5　45 钢回火索氏体组织（500×）

a—金相显微镜放大（500×）；b—扫描电镜放大（4000×）

（1）显微硬度法：用 50g 载荷下，HV600 以上为 Fe_3C；HV200 以下为 F。

（2）化学侵蚀法：用碱性苦味酸钠热蚀，白色组织变为黑色为 Fe_3C；呈白色为 F。

（3）硬针刻划法：划痕粗者为 F；反之为 Fe_3C。

B　针状马氏体和下贝氏体的鉴别

针状马氏体和下贝氏体的鉴别主要有以下几种方法，见图 3-6。

图 3-6　针状马氏体与下贝氏体组织（500×）

a—T10 钢 950℃淬火针状马氏体；b—GCr15 钢等温淬火组织

（1）从形态上区别：针状马氏体针叶较宽且长，两个针叶相交时呈 60°角；下贝氏体针细且短，针的分布较任意，若两针相交时多为 55°角。

（2）用侵蚀法来区分：对试样进行浅侵蚀，下贝氏体由两相组成易于侵蚀，呈黑色；而马氏体不易侵蚀，颜色较浅。

（3）在电镜下区别：下贝氏体针表面分布有 Fe_3C；而针状马氏体是孪晶，只看到中脊。

C 淬火后未溶铁素体和残留奥氏体的区别

未溶铁素体有明显的晶界，存在于马氏体的相界边缘上；而残留奥氏体在马氏体针之间，其形态随马氏体针叶的分布形状而改变，见图 3-7。

未溶
铁素体

残留
奥氏体

a   b

图 3-7 未溶铁素体与残留奥氏体组织图 （500×）
a—20Cr 钢 880℃淬火后的组织；b—70Si3Mn 钢过热淬火组织

3.1.3 常见的热处理缺陷

钢在退火、正火、淬火、回火热处理过程中，因工艺不当或操作不当，常产生一些缺陷，如脱碳、晶粒长大、软点和变形等，还有产生过烧、过热、裂纹等均可造成零件报废。此外，零件的几何形状，如截面厚薄悬殊、冷加工表面粗糙度大以及原材料组织中存在疵病等，也会在热处理过程中产生缺陷。

3.1.3.1 加热不当造成的缺陷

A 过热

金属材料在热处理加热过程中，由于加热温度过高或保温时间过长，往往会引起晶粒长大，从而使淬火后组织粗大，如图 3-8 所示。加热温度越高或在高温下停留时间愈长，则晶粒将会越粗大，使金属的力学性能恶化，这种现象称为热处理过热。过热缺陷的特征主要表现为组织粗化。

B 过烧

金属在接近熔化温度加热时，由于温度过高，其表层沿晶界处被氧气侵入而生成氧化物，或者在晶界处和在枝晶轴间的一些低熔点相发生熔化，并因此而产生裂纹（龟裂），有时还会在金属表面生成较厚的氧化皮，这些现象称为热处理过烧缺陷，如图 3-9 所示。从图中可以看到 T10 钢晶界已经开裂氧化。

产生过烧的因素很多，大多是由于加热炉仪表控制失灵，温度急剧上升，或装炉不当使零件靠近电热丝或电极，而造成加热件局部或全部过烧。在金相显微镜下观察组织时，除晶粒粗大外，部分晶粒或大部分晶粒趋于熔化状态。

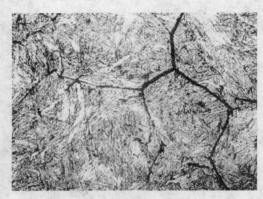

图 3-8　T10 钢 830℃淬火组织（500×）　　　图 3-9　T10 钢淬火严重过烧组织（500×）

产生过烧倾向的大小与金属的化学组成有很大的关系。对普通碳钢来说，其加工温度不超过 1250℃时不容易产生过烧；但高碳钢比低碳钢产生过烧倾向大。

合金钢同样也比较容易过烧，其过烧倾向则与合金元素有关。一般来说，Ni、Co、Mo 元素使钢较易过烧，而 Cu、Si、Al、Cr、W 元素则能增加钢对过烧的抗力。高合金钢产生过烧时，在晶界上往往会出现熔化的共晶组织；在过烧严重的情况下，外表才会出现橘皮状熔化状态。

形状复杂的工件，加热时会造成在棱角处局部过烧。此外，加热不均匀的设备，如在受火焰直接喷射的金属表面部分也易造成局部过烧。

C　氧化与脱碳

金属材料在空气或其他氧化性气氛中加热时，其表面即发生氧化作用，并生成氧化层。钢铁材料在形成氧化层的同时，表面还会减少或完全失去碳分。这些现象称为氧化与脱碳。

属于氧化性的气体有二氧化碳（CO_2）、水蒸气和氧气（O_2）等；属于还原性的气体有一氧化碳（CO），氢气（H_2）和燃料中未燃烧的碳氢化合物等。纯净的二氧化碳气体在含有其他气体，如一氧化碳、甲烷（CH_4），氢和氮（N_2）等气体时，会加速其氧化与脱碳作用。干燥的氢气用作保护气体时，并不发生氧化与脱碳现象，但当氢气中含有 0.05% 的水汽时，它就会强烈地发生脱碳作用。

脱碳可以分为退火脱碳和淬火脱碳。钢铁材料如果发生表面脱碳，则淬火后其硬度一般都比心部要低。金属材料表面产生氧化层不仅浪费了金属材料，造成经济损失，而且氧化层能造成进一步锻轧后金属表面的疵病或形成淬火软点，此外氧化皮在炉中易和耐火材料作用而使后者损坏。重要结构件如果表面严重脱碳，会引起构件严重变形与早期断裂。工模具钢严重脱碳可致使其耐磨性降低而损坏。

在热处理时使用合理脱氧的盐浴炉或可控气氛炉加热处理，并确保短时间保温可以有效防止或减少金属材料及其制品发生氧化脱碳现象。另外还应留有适当的加工余量，以便将其表面脱碳层进行加工去除。

D　球化不良

球化良好，具有均匀的中等颗粒大小的球粒状珠光体的工、模具钢，其淬火加热温度范围较宽，零件淬火后尺寸变化小，这种组织的材料具有较好的切削加工性能。因此，对于工、模具钢或高碳高合金钢来说，球化处理是淬火前的预备热处理工艺。

球化处理的工艺可以通过将钢加热至略超过 A_{c1} 的温度并保温一定时间后，再缓慢地通过 A_{r1} 进行冷却。由于加热温度不高，形成的奥氏体晶粒很细，故晶界总长度较大，且有大量未溶解的碳化物存在，因而冷却时便产生了大量晶核，促使球状珠光体形成。球化处理时，如果控制温度偏低，或保温时间不足，则原有的片状珠光体未能全部变化，钢中出现点状、球状和圆片状珠光体，属于球化欠热组织；若球化处理温度偏高，则会形成新的粗片状珠光体，属于球化过热组织。由于片状珠光体、点状珠光体和球状珠光体的淬火加热温度不同，因此，在淬火时容易引起局部组织过热，使零件严重变形或开裂。

因球化处理温度偏低，所留存的片状珠光体可以重新球化处理予以消除；而粗大片状珠光体则难以矫正，一般需经正火后再球化加以矫正。

E 石墨碳的析出

高碳及高碳合金工具钢在高温退火或球化退火中，由于经多次高温或长时间保温处理，使金属材料中的碳化物分解而形成石墨，这种现象称为石墨碳析出，如图 3-10 所示。此时，材料中出现很多游离状石墨碳，分割基体金属的连续性，使材料的性能大大降低。由于石墨产生后无法逆转，有此类缺陷的零件不能使用，只能报废。在制样时由于石墨碳强度较低，容易在磨抛时剥落，成为凹坑，注意与多次抛光腐蚀留下的腐蚀坑的区别。在石墨碳周围一般会存在贫碳区，多铁素体组织。

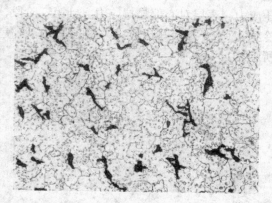

图 3-10 碳素工具钢球化后析出石墨碳（500×）

3.1.3.2 热处理变形和裂纹

金属材料在热处理时所形成的裂纹，称为热处理裂纹。它是由于内应力大于材料的破断强度所致。热处理应力由热应力或组织应力所构成，是导致金属制品变形和形成裂纹的主要原因。金属制品的内部缺陷，如夹渣、缩孔残余、白点等，容易在热处理时造成应力集中，而产生热处理裂纹。若金属制品的外形有尖锐棱角、截面突变，以及前道工序中所遗留的疵病，如折叠、深的刀痕和尖角、圆角处粗糙等，也会使应力集中而形成裂纹。过热的金属制品，其晶粒粗大，淬火后应力较大，容易形成裂纹。工具钢的严重碳化物偏析或表面脱碳，也容易形成热处理裂纹。因此正确掌握热处理改善制品材料的预备组织和形状，尽可能地采用冷却能力较缓和而又能达到淬火目的的冷却介质，特别是在相变温度范围内要避免不必要的急剧冷却，采用等温淬火或分级淬火，可以减少变形和防止裂纹。

A 淬火内应力

淬火时产生的内应力是形成淬火裂纹的重要因素之一。内应力按形成原因可分为热应力与组织应力两种。热应力是指在加热和冷却时由于零件内外存在温差，造成热胀冷缩而产生的内应力。由热应力引起的淬火裂纹有纵向裂纹、横向裂纹、网状裂纹和径向裂纹四种类型。组织应力是由于奥氏体与其转变产物的比容不同（马氏体的比容量大），晶体结构不同（奥氏体属于面心立方结构，马氏体属于体心立方结构），而且零件的表里或各部分之间的组织转变时间不同而产生的内应力。由组织应力引起的淬火裂纹，一般多分布在片状马氏体中，是马氏体片之间相互顶撞而萌生的微观裂纹。图 3-11 是用膨胀仪测出形成马氏体时的长度变化，从图中可以看出在马氏体转变的不同阶段，会发生明显的尺寸变化。

以整体淬火为例，分析零件淬火内应力的形成和特点。设零件的表层和心部冷速均大于临界冷却速度（如图 3-12 所示），即整体可以淬透。如图中所示在冷却的第一阶段（t_1），表层在冷到 M_s 点之前，零件只有热应力。由于表层冷得快，收缩严重，而心部温度仍然较高，收缩较少，结果表层使心部受压应力，而心部对表层造成拉应力。到第二阶段（t_2），表层形成马氏体，心部尚未转变，正处于降温收缩的过程，此时心部对表层是压应力，表层对心部是拉应力。到第三阶段，表层金属的冷却和体积收缩已经停止，心部冷到 M_s 点，形成马氏体，力图膨胀，结果使表层受拉应力。这三阶段的应力条件如表 3-1所示。

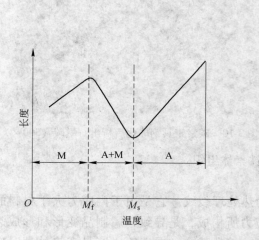

图 3-11 形成马氏体时的长度变化

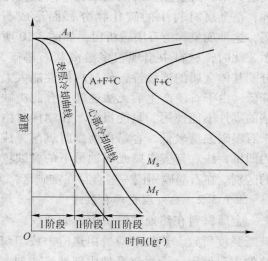

图 3-12 淬硬条件下表层和心部冷却速度与
等温转变曲线关系——冷却过程三阶段

表 3-1 钢件淬火冷却时的内外应力状态

阶 段	应 力 状 态	
	表 层	心 部
第一阶段	拉	压
第二阶段	压	拉
第三阶段	拉	压

拉应力是使裂纹萌生和扩展的必要条件。第一阶段表层虽受拉力，但温度较高又是奥氏体状态，可以通过变形来松弛应力。第二阶段心部受拉，它同样处于奥氏体状态，可以

变形。而在第三阶段，表层已成为室温下硬而脆的马氏体，在拉应力作用下，难以变形，容易开裂。特别是高碳钢，一方面淬火拉应力大（形成马氏体的体积膨胀大）；另一方面高碳马氏体又很脆，因此淬裂危险最大。

图 3-13 列举了淬火裂纹的类型与工件表面和心部应力分布方式的关系。

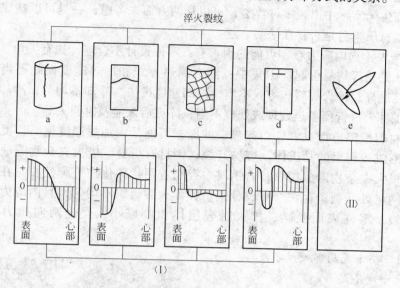

图 3-13　淬火裂纹类型与工件应力分布方式的关系
Ⅰ—热应力裂纹：a—纵向裂纹；b—横向裂纹；c—网状裂纹；d—径向裂纹
Ⅱ—组织应力裂纹：e—显微裂纹

B　淬火裂纹的特征

淬火裂纹的特征主要有：

（1）裂纹一般由表面向心部扩展，宏观形态较平直，微观特征是曲折、沿原奥氏体晶界扩展（如图 3-14 所示）。

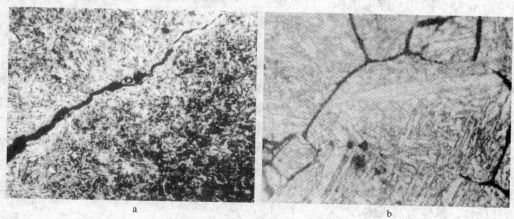

图 3-14　碳钢中的淬火裂纹
a—T10 钢淬火裂纹（100×）；b—2Cr12MoV 钢淬火过热裂纹（500×）

（2）由于淬火裂纹形成温度较低，裂纹两侧均无脱碳现象，但如在氧化气氛中进行过高温回火，则淬火裂纹两侧出现氧化脱碳层。

C　产生淬火裂纹的原因

由前所述可知，当淬火冷却时形成的拉应力超过微裂纹扩展所需的临界应力时便形成宏观裂纹。在生产实际中出现零件淬裂，可以从两方面来考虑，一是可以造成较大的拉应力因素，二是材质本身是否存在缺陷。

（1）从增大淬火内应力看，可能的因素有：零件设计不合理，如有尖角、截面突然变化，或销孔、键槽等均易引起应力集中；淬火加热方式和加热速度控制不当，加热不均匀，淬火温度过高；淬火时冷却方式不当，冷却速度过快，冷却不均匀；冷却介质选用不当；淬火前工件未进行预备热处理或处理不当；淬火后未能及时回火等。

（2）从材料缺陷方面来看，引起淬裂的因素可能是：加热温度偏高，奥氏体晶粒极大，淬火后形成较粗大的马氏体，容易开裂；钢材有折叠或极大夹杂物等缺陷，淬火时易沿折叠或极大夹杂物形成裂纹；若钢材中存在着网状碳化物等脆性相，在淬火时易沿脆性碳化物网络处开裂；存在严重成分偏析，淬火后组织不均匀，且内应力较大又不均匀，容易开裂；零件表面脱碳，淬火时表层体积膨胀小，受到两向拉力，容易形成开裂。

3.1.3.3　整体或局部硬度不足

A　淬火硬度不足

零件淬火整体硬度不足，主要有以下几种原因。

（1）加热不足（温度较低，保温时间不够）。热处理时工件的加热温度较低，以及保温时间不足，在淬火后的马氏体很细小，存在大量细小碳化物或分布着一定数量的未溶铁素体，将导致工件的淬火硬度不够。图3-15中所示45钢750℃淬火组织，白色块状为未溶铁素体，暗色部分为马氏体，没有得到全马氏体组织。

图3-15　45钢750℃淬火组织（500×）

（2）加热温度过高。加热温度过高容易使组织中出现的马氏体较粗大，而马氏体间的残留奥氏体的量也会增加，使硬度降低。淬火过热也容易导致淬火硬度不够。

（3）淬火冷速不足。工件淬火时若冷却速度不够，组织中将出现托氏体、贝氏体和马氏体混合组织。托氏体是铁素体与片状渗碳体的机械混合物，属于在光学金相显微镜下已无法分辨片层的极细珠光体，硬度较低。托氏体在550~600℃时形成，片层极薄，只有在电子显微镜下才可以分辨出其铁素体和渗碳体的片层结构。托氏体一般在淬火冷速不足的情况下出现。如图3-16中所示45钢在850℃淬火油冷时得到沿奥氏体晶界分布的黑色组织为托氏体，基体为马氏体。

（4）钢件表层脱碳。表层存在脱碳区域时淬火后难以形成全马氏体组织（因脱碳层的淬透性较差），往往形成非马氏体组织或者形成低碳马氏体，硬度值均降低。

a   b

图 3-16　45 钢 850℃ 油冷组织（400×）

a—网状析出的托氏体＋羽毛状上贝氏体＋马氏体；b—网状析出的先共析铁素体＋托氏体＋马氏体

B　淬火软点

在经淬火后的零件表面有时会发现斑点（有时经侵蚀后显示出此种斑点），由于斑点处的硬度较低，此种现象称为淬火软点。软点处的显微组织为屈氏体，或是在马氏体及奥氏体晶界分布的屈氏体。产生软点的主要原因有：

（1）工件原来的显微组织不均匀，存在碳化物偏析、碳化物聚集成碳化物颗粒大小不均匀现象。

（2）选材不当，钢材的淬透性不足，或工件的形状较复杂，此时零件可以改用淬透性较高的钢材来制造。

（3）工件表面局部脱碳，脱碳部位形成托氏体或贝氏体，硬度降低。

（4）淬火介质的冷却速度较低。淬火介质过于陈旧或含有较多的杂质，零件淬入冷却介质中被介质中的氧化皮等污物覆盖，导致覆盖处冷速缓慢而产生软点。

（5）加热温度偏低或保温时间不足。

此外，当有软点产生时，零件在淬火时容易发生裂纹。因为在淬火过程中，软点部分的膨胀情况同其他部分不完全一样，软点部分金属会受到周围金属的拉伸导致开裂。因此，在生产过程中应极力避免软点的产生。

3.2　铸铁材料的热处理与检验

铸铁是一种含碳量大于 2.11% 的铁碳合金。除含有碳元素外，还含有大量的硅元素，普通铸铁的成分一般为：2.0% ~ 4.0% C；0.6% ~ 3.0% Si；0.2% ~ 1.2% Mn；0.1% ~ 1.2% P；0.08% ~ 0.15% S。铸铁中的碳可以固溶、化合、游离三种状态存在。铸铁的显微组织主要由石墨和金属基体组成。按照铸铁中碳的存在状态、石墨的形态特征及铸铁的性能特点可以分为 5 类：白口铸铁、灰口铸铁、球墨铸铁、可锻铸铁和蠕墨铸铁。铸铁的金相检验主要包括：石墨形态、大小和分布情况，以及金属基体中各种组织组成物的形态、分布和数量等，并按照相应标准进行各种评定。白口铸铁的组织硬而脆，一般难于加工，其组织可参考 2.1.3 节中白口铸铁的组织。在本章节中主要介绍灰口铸铁、球墨铸铁、可锻铸铁和蠕墨铸铁的组织特点与检验。

3.2.1　灰口铸铁

灰口铸铁是指金相组织中石墨呈片状的铸铁。按照灰口铸铁的化学成分和性能特点将其分为普通灰铸铁、合金灰铸铁和特殊性能灰铸铁。在生产上，通过孕育处理而获得的高强度铸铁又称为孕育铸铁。按照其抗拉强度的不同，灰铸铁可分为 HT100、HT150、HT200、HT250、HT300、HT350 六级牌号。

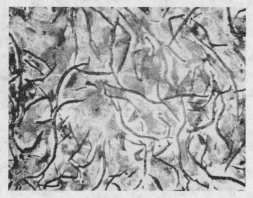

灰铸铁在平衡冷却的室温组织均为石墨和铁素体，如图 3-17 所示。为了确保灰铸铁强度，一般需要获得珠光体基体。

灰铸铁中的片状石墨在空间的分布实际上并非是孤立的片状，而是以一个个石墨核心出发，形成一簇簇不同位向的石墨分枝，以构成一个个空间立体结构。同一簇石墨与其间的共晶奥氏体构成一个共晶团。铸铁凝固之后，

图 3-17　灰铸铁金相组织（100×）

便由这种相互毗邻的共晶团所组成。灰铸铁的金相检验按照国家标准 GB/T 7216—2009《灰铸铁金相》的规定方法和内容进行。

3.2.1.1　灰铸铁石墨的检验

A　石墨分布

按照国家标准可分为 A 型、B 型、C 型、D 型、E 型、F 型，如图 3-18 所示。

片状（A 型）石墨：特征是片状石墨均匀分布。

菊花状（B 型）石墨：特征是片状与点状石墨聚集成菊花状。

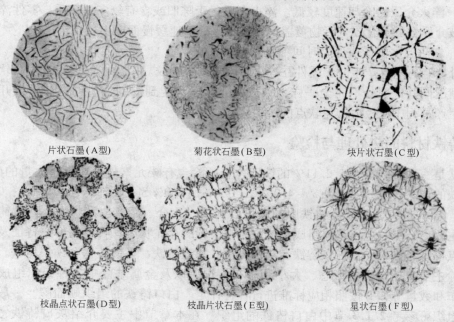

片状石墨（A型）　　　　菊花状石墨（B型）　　　　块片状石墨（C型）

枝晶点状石墨（D型）　　　枝晶片状石墨（E型）　　　　星状石墨（F型）

图 3-18　灰铸铁中石墨形态

块片状（C型）石墨：特征是部分带尖角块状、粗大片状初生石墨及小片状石墨。

枝晶点状（D型）石墨：特征是点状和片状枝晶间石墨呈无向分布。

枝晶片状（E型）石墨：特征是短小片状枝晶间石墨呈有方向分布。

星状（F型）石墨：特征是星状（或蜘蛛状）与短片状石墨混合均匀分布。

B 石墨长度

在灰铸铁中石墨长度也是影响铸铁力学性能的重要因素。国家标准中将石墨长度分为八级，见表3-2。

表3-2 灰铸铁石墨长度级别

级别	1	2	3	4	5	6	7	8
名称	石长100	石长75	石长38	石长18	石长9	石长4.5	石长2.5	石长1.5
100倍下石墨长度/mm	>100	>50~100	>25~50	>12~25	>6~12	>3~6	>1.5~3	<1.5

3.2.1.2 灰铸铁基体组织的检验

灰铸铁的基体组织一般为珠光体，或者珠光体+铁素体。在不同化学成分和冷却速度等因素的影响下，在铸铁结晶后可能会出现碳化物和磷共晶。在某些情况下可以得到贝氏体或者马氏体组织。

A 珠光体粗细和珠光体的数量

灰铸铁的珠光体一般呈片状。在500×下按片间距将珠光体分为四级：索氏体型珠光体（铁素体与渗碳体难以分辨）、细片状珠光体（片间距不大于1mm）、中片状珠光体（片间距大于1~2mm）、粗片状珠光体（片间距大于2mm），如图3-19所示。珠光体的数

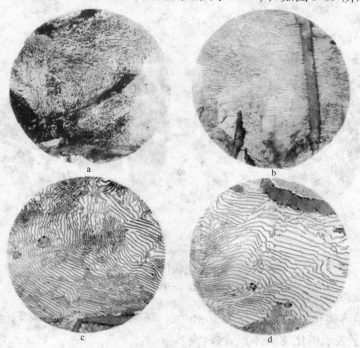

图3-19 灰铸铁中珠光体类型（500×）

a—索氏体型珠光体；b—细片状珠光体；c—中片状珠光体；d—粗片状珠光体

量是指珠光体与铁素体的相对量。国家标准中将珠光体的数量分为八级，见表3-3。

表3-3　灰铸铁中珠光体数量分级

级　别	1	2	3	4	5	6	7	8
名　称	珠98	珠95	珠90	珠80	珠70	珠60	珠50	珠40
数量/%	≥98	<98~95	<95~85	<85~75	<75~65	<65~55	<55~45	<45

　　B　碳化物的分布形态和数量

　　根据碳化物的分布形态可分为条状碳化物、块状碳化物、网状碳化物和莱氏体状碳化物，如图3-20所示。条状碳化物一般为过共晶型碳化物。块状碳化物一般出现在低碳当量低合金铸铁中。网状碳化物一般为亚共晶型碳化物或从奥氏体中析出的二次碳化物。莱氏体状碳化物为共晶型碳化物。

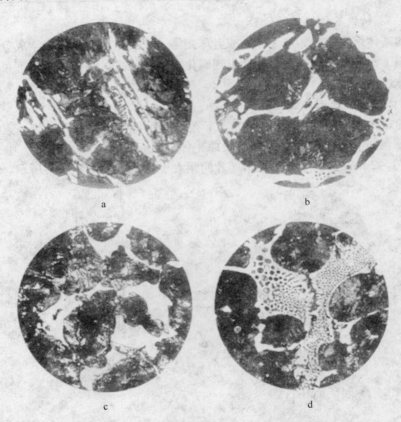

a　　　　　　　　　　　　　　b

c　　　　　　　　　　　　　　d

图3-20　灰铸铁中碳化物类型（500×）
a—条状碳化物；b—块状碳化物；c—网状碳化物；d—莱氏体状碳化物

　　国家标准中将碳化物的数量分为1~6级，级别分别是碳1、碳3、碳5、碳10、碳15、碳20（数字表示碳化物的体积分数，%）。

　　C　磷共晶类型分布形态和数量

　　根据磷共晶的形态特征将磷共晶分为二元磷共晶、三元磷共晶、二元磷共晶-碳化物复合物和三元磷共晶-碳化物复合物四种类型，如图 3-21 所示。二元磷共晶是指磷化铁和奥氏体（转变产物为珠光体或铁素体）所组成的共晶体。三元磷共晶是指磷化铁、碳化铁和奥氏体所组成的共晶体。二元、三元磷共晶-碳化物复合物是指碳化物和磷共晶彼此相连，以显著的界面呈较大块状。国家标准中将磷共晶的分布形态列为四种：孤立块状、均匀分布、断续网状和连续网状。磷共晶的数量分为 1 ~ 6 级，级别依次为磷1、磷2、磷4、磷6、磷8、磷10。

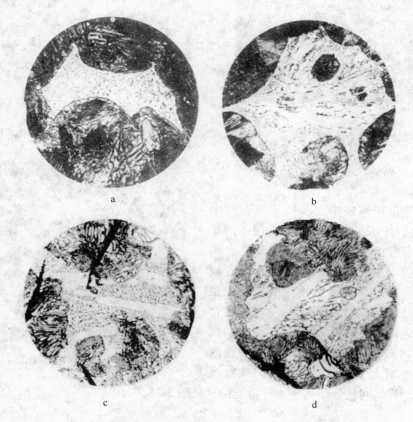

图 3-21　灰铸铁中的磷共晶形态（500 ×）

a—二元磷共晶；b—三元磷共晶；c—二元磷共晶-碳化物复合物；
d—三元磷共晶-碳化物复合物

D　灰铸铁共晶团的检验

灰铸铁的共晶团是指在共晶转变时，共晶成分的铁水形成由石墨呈分枝的立体状石墨簇和奥氏体组成的共晶团，如图 3-22 所示。共晶团也代表铸铁的晶粒度。

共晶团的检验一般在 10 × 或 40 × 下观察评级。共晶团的侵蚀剂一般用：CuCl 1g + MgCl 4g + HCl 2mL + 酒精 100mL。

E　灰铸铁退火后的组织

在 600℃ 退火处理时，灰铸铁中的珠光体在发生球化的同时还会发生石墨化。温度越高，石墨化越严重；珠光体分解析出的二次石墨在不需要形核功的条件下依附于原有片状石墨的表面生长，使得原有的片状石墨的表层由光滑而变得粗糙，如图 3-23 所示。

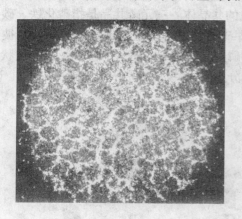

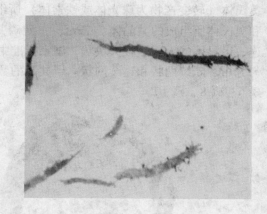

图 3-22　灰铸铁铸态孕育处理后的共晶团组织（40×）　　　图 3-23　灰铸铁退火后的组织（1000×）

3.2.1.3　硼铸铁与磷铸铁

A　硼铸铁

硼铸铁是在灰铸铁中加入硼元素，其中 $w(B)$ 通常大于 $0.02\% \sim 0.08\%$，常用于活塞环、气缸套等。由于显微组织中含硼复合磷共晶的存在（见图 3-24），硼化物的硬度较高，使材料具有良好的耐磨性能。但是应控制含磷量，当 P/B 比之大于 $11 \sim 13$ 时，复合磷共晶中较大的条块状含硼碳化物消失，仅出现三元磷共晶，使耐磨性下降。硼铸铁内含硼碳化物应当大小合适，分布均匀来提高材料耐磨性，若呈网状分布则增加材料脆性，见图 3-25。

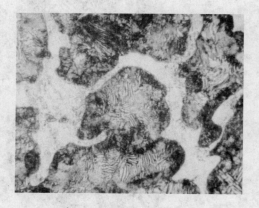

图 3-24　硼铸铁中含硼复合磷共晶（500×）

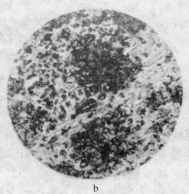

a

b

图 3-25　硼铸铁中含硼碳化物的分布（500×）

a—均匀分布的碳化物；b—网状分布的碳化物

B 磷铸铁

磷铸铁是在灰铁中增加磷元素的含量，使组织中磷共晶数量增加，提高基体耐磨性能，常用于活塞环、气缸套等。一般 $w(P)$ 在 0.3% ~ 0.5% 为中磷铸铁，$w(P)$ 在 0.5% ~ 0.8% 为高磷铸铁，随含磷量的增加磷共晶数量增加。检验时，磷共晶一般呈网状、断续网状分布，见图 3-26a。网状分布的磷共晶为凸出的硬化相，成为支撑载荷的滑动面，软的基体（P + G）形成凹面，储存润滑油，减少摩擦，从而提高耐磨性。一般不允许出现枝晶状磷共晶，可增加磷共晶断裂的机会，使材料变脆，见图 3-26b。

图 3-26　磷铸铁中的磷共晶分布形态（500 ×）
a—网状分布；b—枝晶状分布

3.2.2　球墨铸铁

球墨铸铁的石墨呈球状或接近球状，如图 3-27 所示。由于不像灰铸铁中片状石墨那样对金属基体产生严重的割裂作用，这就为通过热处理以提高球墨铸铁基体组织性能提供了条件。根据球墨铸铁的成分、力学性能和使用性能，一般可分为普通球墨铸铁、高强度合金球墨铸铁和特殊性能球墨铸铁。球墨铸铁中的石墨和基体组织的检验是球墨铸铁生产的主要环节。

球墨铸铁的牌号共分为 8 种，即 QT400-18，QT400-15，QT450-10，QT500-7，QT600-3，QT700-2，QT800-2，QT900-2。牌号中短划线前面的数字为该牌号所具有的抗拉强度

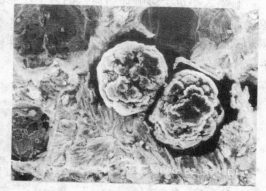

图 3-27　球墨铸铁铸造状态的石墨球

（R_m，MPa），后面的数字为伸长率（A，%）。各种牌号的球墨铸铁有其相应的金属基体组织：QT400-18、QT400-15、QT450-10 主要为铁素体；QT500-7 为铁素体 + 珠光体；QT600-3 为珠光体 + 铁素体；QT700-2 为珠光体；QT800-2 为珠光体或回火组织；QT900-2 为贝氏体或回火组织。此外，还可能存在碳化物及磷共晶等组织。

3.2.2.1　球墨铸铁的石墨及其检验

A　石墨形态

石墨形态是指单颗石墨的形状。由 GB/T 9441—2009《球墨铸铁金相检验》标准根据石墨面积率值将球墨铸铁的石墨形态分为球状、团状、团絮状、蠕虫状和片状，如表 3-4 所示。

表 3-4　球墨铸铁的石墨形态与石墨面积率范围

石墨形态	球　状	团　状	团絮状	蠕虫状	片　状
石墨面积率/%	>0.81	0.61~0.80	0.41~0.60	0.10~0.40	<0.10

B　石墨球化率及其确定

球墨铸铁的力学性能在很大程度上取决于球化率。由 GB/T 9441—2009《球墨铸铁金相检验》标准将球墨铸铁石墨球化率分为 1~6 级，见表 3-5。如图 3-28 中球墨铸铁中的石墨呈聚集分布的蠕虫状和球状、团状，大的团状石墨呈开花状，故球化率评定为 6 级。

表 3-5　球墨铸铁球化分级说明

球化级别	说　明	球化率/%
1	石墨呈球状，允许极少量团絮状	≥95
2	石墨大部分呈球状，余为团状和少量团絮状	90
3	石墨大部分呈团状和球状，余为团絮状，允许极少量为蠕虫状	80
4	石墨大部分呈团絮状和团状，余为球状和少量蠕虫状	70
5	石墨呈分散分布的蠕虫状和球状、团状、团絮状	60
6	石墨呈聚集分布的蠕虫状、片状和球状、团状、团絮状	50

C　石墨大小

石墨大小也会影响球墨铸铁的力学性能。石墨球细小可减小由石墨引起的应力集中现象。而且，细小的石墨球往往具有高的球化率。因此，均匀、圆整、细小的石墨可以使球墨铸铁具有高的强度、塑性、韧性和疲劳强度。国家标准中将石墨的大小分为 6 级，见表 3-6。6 级的球墨铸铁状态石墨见图 3-29。

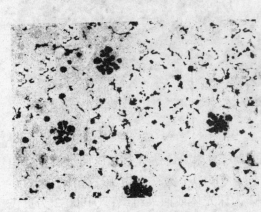

图 3-28　球墨铸铁铸造状态的石墨（100×）

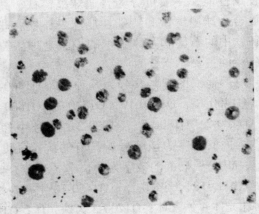

图 3-29　球墨铸铁铸造状态的石墨 6 级（100×）

表 3-6 球墨铸铁的石墨大小分级

级 别	3	4	5	6	7	8
石墨直径/mm（放大100倍）	>25~50	>12~25	>6~12	>3~6	>1.5~3	≤1.5

3.2.2.2 球墨铸铁的基体组织及其检验

球墨铸铁铸态下的基体组织为铁素体和珠光体。退火时能得到铁素体基体组织（一般呈牛眼状），正火得到珠光体基体组织，基体组织中可能出现碳化物和磷共晶。一些合金球墨铸铁中会出现马氏体、奥氏体或贝氏体组织。

对球墨铸铁的铸态和正火、退火态的基体组织的检验按照 GB/T 9441—1988《球墨铸铁金相检验》进行。内容包括：

A 珠光体粗细和珠光体数量

球墨铸铁的珠光体一般呈片状。按片间距将珠光体分为粗片状珠光体、片状珠光体、细片状珠光体。珠光体数量是指珠光体与铁素体的相对量。对于高强度球铁，应确保高的珠光体数量而对于高韧性球铁，则应确保高的铁素体数量。国家标准中将珠光体的数量分为十二级，如表 3-7 所示。图 3-30 所示为球墨铸铁铸造状态的珠光体数量。

表 3-7 珠光体数量的体积分数分级

级别名称	珠光体数量/%	级别名称	珠光体数量/%
珠95	>90	珠35	>30~40
珠85	>80~90	珠25	≈25
珠75	>70~80	珠20	≈20
珠65	>60~70	珠15	≈15
珠55	>50~60	珠10	≈10
珠45	>40~50	珠5	≈5

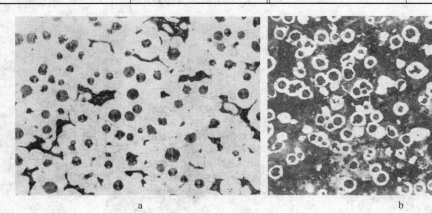

a   b

图 3-30 球墨铸铁铸造状态的珠光体数量（100×）

a—珠光体级别：珠10；b—珠光体级别：珠65

B　分散分布的铁素体数量

球墨铸铁中的铁素体分为块状或网状分布，如图 3-31 所示。国家标准中按块状和网状两个系列各分为六级：依次为铁 5、铁 10、铁 15、铁 20、铁 25 和铁 30（铁素体数量的体积分数的近似值）。

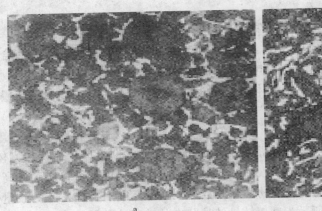
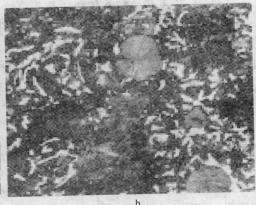

a　　　　　　　　　　　　　　b

图 3-31　球墨铸铁中的铁素体（100×）

a—网状铁素体；b—块状铁素体

C　磷共晶数量

球墨铸铁中的磷共晶多为奥氏体、磷化铁和渗碳体组成的三元磷共晶。国家标准中的磷共晶数量分为五级，依次为磷 0.5、磷 1、磷 1.5、磷 2、磷 3。磷 1 见图 3-32。

D　渗碳体数量

在球墨铸铁结晶后，往往在组织中出现一定数量的渗碳体，如图 3-33 所示。在球墨铸铁的生产中，若渗碳体作为硬化相单独存在时，其含量的体积分数一般应小于 5%（某些需要以渗碳体作为硬化相的耐磨铸铁除外）作为控制界限。对于某些高韧性球墨铸铁，应作更严格的控制。国家标准中将渗碳体数量分为五级，依次为渗 1、渗 2、渗 3、渗 5、渗 10。

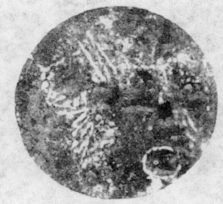

图 3-32　球墨铸铁中的磷共晶　　　　　　　图 3-33　球墨铸铁中的渗碳体

级别：磷 1（100×）　　　　　　　　　　级别：渗 5（100×）

3.2.2.3 球墨铸铁等温淬火的组织及检验

A 等温淬火组织

当等温温度较低时，得到的组织为针状贝氏体，也称为下贝氏体，如图 3-34 所示。针状贝氏体具有高的强度和硬度，但塑性和韧性较低。当等温温度较高时，得到的组织为羽毛状贝氏体，也称为上贝氏体，如图 3-35 所示。羽毛状贝氏体具有较高的综合力学性能。当等温温度在 M_s 附近时，可获得针状贝氏体与马氏体的混合组织。在部分奥氏体化等温淬火的条件下，获得贝氏体与铁素体的混合组织。

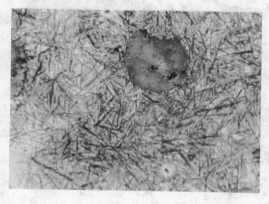 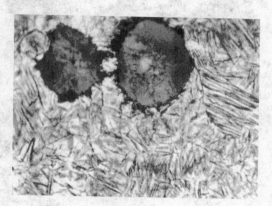

图 3-34　球墨铸铁 880℃ 加热 280℃
等温 1h 后淬火组织（500×）

图 3-35　球墨铸铁 890℃ 加热在 470℃
等温 90s 后空冷组织（500×）

B 贝氏体长度

奥氏体化温度愈高，则转变成贝氏体的尺寸愈长。在贝氏体形态及其他条件相同的情况下，贝氏体尺寸愈长，力学性能愈低。按照标准 JB/T 3021—1981 分为五级。

C 白区数量

所谓白区是指球墨铸铁经等温淬火后，集中分布在共晶团边界上尚未转变的残留奥氏体和淬火马氏体，经侵蚀后呈白色断续网络状，如图 3-36 所示。按照标准 JB/T 3021—1981 分为四级。

D 铁素体数量

铁素体与渗碳体在金相显微镜下都成白亮色，但是铁素体较软，内部存在一些轻微划痕在高倍下可见，见图 3-37。铁素体数量按照标准 JB/T 3021—1981 分为三级。

3.2.2.4 几种常见的铸造缺陷

铸造常见的缺陷主要有：

（1）球化不良和球化衰退：显微特征是除球状石墨外，出现较多蠕虫状石墨，如图 3-38 所示。

（2）石墨漂浮：特征是石墨大量聚集，往往呈开花状，常见于铸件的上表面或泥芯的下表面，如图 3-39 所示。

（3）夹渣：一般是指成聚集分布的硫化物和氧化物。

（4）缩松：是指在显微镜下见到的微观缩孔，分布在共晶团边界上，呈向内凹陷的黑洞。

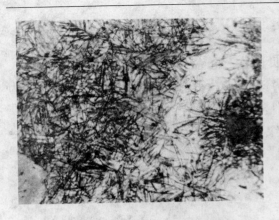

图 3-36　球墨铸铁白区组织（500×）　　　图 3-37　球墨铸铁表面中频感应淬火组织（500×）

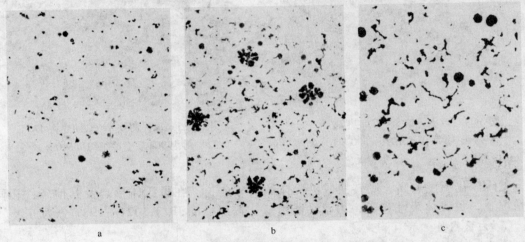

图 3-38　球铁铸造状态球化不良组织（100×）

a—球化级别为 5 级；b—球化级别为 6 级；c—球化衰退

　　（5）反白口：特征是在共晶团的边界上出现许多呈一定方向排列的针状渗碳体。一般位于铸件的热节部位。形成原因可能是铁水凝固时存在较大的成分偏析，并受到周围固体的较快的冷却，促进了渗碳体的形成。这种缺陷与铁水中残余稀土量过高和孕育不良有关。在反白口区域内，往往都存在较多的显微缩松。

3.2.3　可锻铸铁与蠕墨铸铁

3.2.3.1　可锻铸铁

　　可锻铸铁是将铸态白口铸铁毛坯经过石墨化或脱碳处理而获得的铸铁，具有较高的强度及良好的塑性和韧性，故又称延展性铸铁。

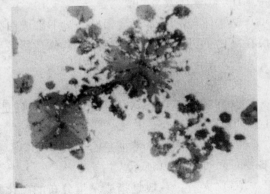

图 3-39　球墨铸铁的石墨飘浮

（石墨呈梅花状和星状分布（500×））

按照可锻铸铁的化学成分、热处理工艺及由此而导致的组织和性能之别，将其分为黑心可锻铸铁和白心可锻铸铁。黑心可锻铸铁是由白口铸铁毛坯经石墨化退火后获得团絮状石墨。白心可锻铸铁是由白口铸铁毛坯经高温氧化脱碳后获得全部铁素体或铁素体加珠光体组织（心部可能尚有渗碳体或石墨）。在黑心可锻铸铁中，又分为黑心铁素体可锻铸铁和黑心珠光体可锻铸铁。我国应用最多的是黑心铁素体可锻铸铁。通常所指的黑心可锻铸铁即指黑心铁素体可锻铸铁，其组织是团絮状石墨和铁素体，如图 3-40 所示。由于团絮状石墨对金属基体的割裂作用远比片状石墨小，因此可锻铸铁的性能介于灰铸铁与球墨铸铁之间。

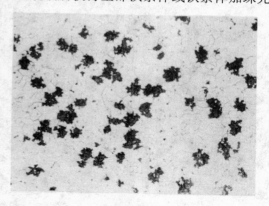

图 3-40 KTH300-06 铸铁石墨化
退火组织（100×）

我国的黑心可锻铸铁的牌号是按其力学性能指标划分的，共分为八级，即 KTH300-06，KTH300-08，KTH350-10，KTH370-12，KTH450-06，KTH550-04，KTH650-02，KTH700-02，牌号中前面的数字表示其具有的抗拉强度（R_m，MPa），后面的数字为其伸长率（$A,\%$）值。

A 黑心可锻铸铁的石墨及检验

白口铸铁在退火过程中，退火石墨也要经过石墨形核和石墨长大两个阶段。在正常的退火温度下，使退火石墨呈团絮状。如果退火温度过高，或含硅量过高，使退火石墨的紧密度降低，而出现絮状或聚虫状石墨。

在固态石墨化过程中形成的退火石墨不同于从液态中直接析出的石墨。退火石墨松散，易受侵蚀，所以侵蚀后一般呈黑色。

a 石墨形状

常见的石墨形状有：

（1）团球状。石墨较致密，外形近似圆形，边界凹凸；

（2）团絮状。似棉絮，外形较不规则，如图 3-41a 所示；

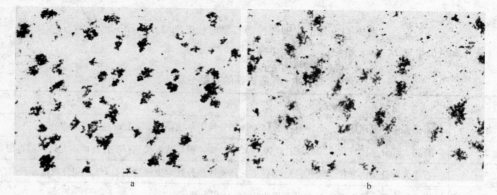

a   b

图 3-41 KTH300-06 铸铁石墨形状（100×）

a—团絮状；b—絮状

（3）絮状。石墨较团絮状松散，如图3-41b所示；

（4）蠕虫状。石墨松散，似蠕虫状石墨聚集，如图3-42所示；

（5）枝晶状。石墨由较多细小短片状、点状聚集而成，呈树枝状，如图3-43所示。

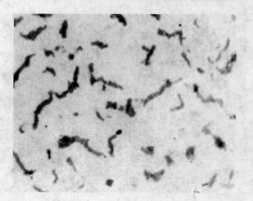　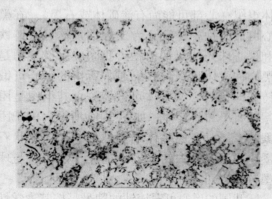

图 3-42　黑心可锻铸铁的蠕虫状石墨（200×）　　图 3-43　黑心可锻铸铁的枝晶状石墨（200×）

　　根据 JB/T 2122—1977《铁素体可锻铸铁金相检验》标准石墨形状分为五级，如图3-44所示，具体见表3-8。

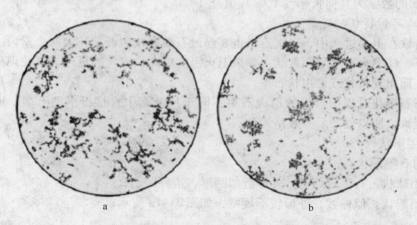

图 3-44　黑心可锻铸铁的石墨形状级别（100×）

a—4 级；b—5 级

表 3-8　可锻铸铁的石墨分级

级　别	说　　　明
1	石墨大部分呈团球状，允许不大于15%体积分数团絮状存在，不允许枝晶石墨存在
2	石墨大部分呈团球状、团絮状，允许不大于15%体积分数絮状等石墨存在，不允许枝晶石墨存在
3	石墨大部分呈团絮状、絮状，允许不大于15%体积分数聚虫状及小于1%体积分数枝晶石墨存在
4	聚虫状石墨大于15%，枝晶状石墨小于1%体积分数
5	枝晶状石墨大于或等于试样截面的1%体积分数

b 石墨分布

可锻铸铁中的石墨分布一般应当均匀分布,按照分布级别分为3级。1级为石墨均匀或较均匀分布。2级为石墨分布不均匀,但无方向性。3级为石墨有方向性分布。

B 黑心可锻铸铁的基体组织及检验

黑心可锻铸铁的检验主要是对珠光体和渗碳体及表皮层厚度的检验。

(1)珠光体残余量。按照 JB/T 2122—1977《铁素体可锻铸铁金相检验》标准分为五级。

(2)渗碳体残余量。

(3)表皮层厚度。表皮层厚度是指出现在铸件外缘的珠光体层或铸件外缘的无石墨铁素体层。按照 JB/T 2122—1977《铁素体可锻铸铁金相检验》标准分为四级。

3.2.3.2 蠕墨铸铁

蠕墨铸铁的石墨结构处于灰铸铁的片状石墨和球墨铸铁的球状石墨之间,特征是石墨的长和厚之比较小,在光学显微镜下,片厚且短,两端部圆钝,如图3-45所示。

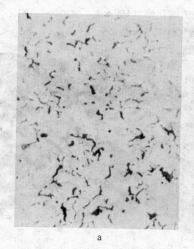

a   b

图 3-45 蠕墨铸铁的石墨形态

a—100×;b—1200×

蠕墨铸铁的金相检验包括蠕化率和基体组织(珠光体的数量)的检验。如图3-46所示,a图中石墨呈蠕虫状和团状石墨,蠕化率75%;b图中石墨呈蠕虫状石墨和球团状石墨,蠕化率85%;c图中石墨呈蠕虫状石墨和部分开花状石墨,蠕化率95%。在图3-47中,a图珠光体体积分数为20%~30%,b图珠光体体积分数为40%~50%。

3.3 常用工具钢

工具钢是指用来制造刃具、量具、模具的钢种,根据其化学成分的不同可以分为碳素工具钢和合金工具钢两大类。

碳素工具钢是含碳量较高的钢,其含碳量在0.7%~1.3%之间,所以又称为高碳钢。由于碳含量比较高,使淬火后钢中存在大量过剩碳化物,从而保证了工具钢热处理后获得

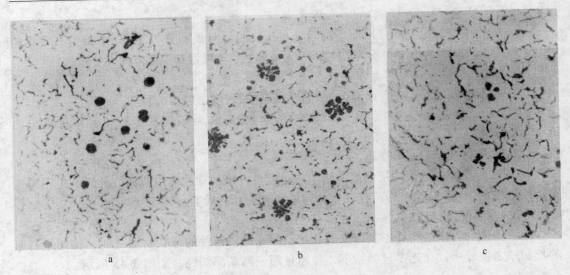

图 3-46 蠕墨铸铁的蠕化率（100×）
a—蠕化率 75%；b—蠕化率 85%；c—蠕化率 95%

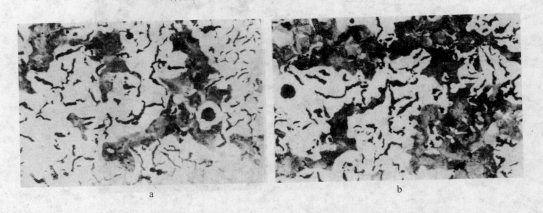

图 3-47 蠕墨铸铁的珠光体级别（100×）
a—珠光体体积分数 25%；b—珠光体体积分数 45%

较高的硬度和耐磨性，能广泛用于制造各种工具和模具。这种钢的主要合金元素是碳元素，所以红硬性较差，例如作高速切削时刀具会受热软化丧失切削功能，因此只能制造尺寸小、形状简单、切削速度不高的工具，如手工锯条、锉刀、丝锥、板牙、凿子以及形状简单的冷加工冲头、拉丝模、切片模等。主要牌号有 T7、T8、T9、T10、T11、T12、T13 等。

在碳素工具钢化学成分的基础上，加入一种或几种其他元素而成的钢称为合金工具钢。合金工具钢中常加入的合金元素有：Cr（强烈提高钢的淬透性，抑制钢的贝氏体转变）、Mn（强烈提高钢的淬透性，促使奥氏体晶粒长大，使钢的过热敏感）、Ni（奥氏体形成元素，提高钢的淬透性、韧性）、Si（对回火转变有阻碍作用，和锰元素配合使用能克服钢的过热敏感性）、W、V（W、V 强烈形成碳化物的元素，有强烈的细化晶粒的作用）等。合金工具钢一般用于制造形状复杂、尺寸精度高、截面积大及载荷重的工具。常用牌号有：量具刃具工具钢：9SiCr、8MnSi 等；冷作模具钢：Cr12、Cr12MoV、9Mn2V、CrWMn 等；热作模具钢：5CrMnMo、5CrNiMo、3Cr2W8V 等；耐冲击钢：4CrW2Si、6CrW2Si 等。

3.3.1 碳素工具钢的金相检验

3.3.1.1 原材料组织

碳素工具钢的原材料由片状珠光体和网状渗碳体组成，如图 3-48 所示，大多为锻造加工后的退火状态的过共析钢组织。为了淬火、回火后获得细小马氏体和颗粒状渗碳体，必须进行球化退火处理（使片状渗碳体趋于球状），消除网状渗碳体。

3.3.1.2 球化退火组织的检验

球化退火工艺方法很多，加热时温度小于 A_{cm}，最常用的是普通球化退火和等温球化退火，可采用三种不同方式进行热处理，如图 3-49 中所示方式 1、2、3。第一种球化退火方式是将工件加热到略高于 A_{c1} 温度后长时间保温，缓冷到小于 500℃ 后空冷；第二种方式是将工件加热到 $A_{c1} + 20 \sim 30℃$ 烧透后，快冷到 $A_{c1} - 20 \sim 30℃$ 保温，反复循环数次后缓冷到小于 500℃ 空冷。这两种方式属于普通球化退火。第三种方式是等温球化退火，是与普通球化退火工艺同样的将工件加热到 $A_{c1} + 20 \sim 30℃$ 后保温，再快冷到略低于 A_{r1} 的温度进行等温，等温时间为其加热保温时间的 1.5 倍，之后随炉冷至 500℃ 左右出炉空冷。和普通球化退火相比，等温球化退火不仅可缩短周期，而且可使球化组织均匀，并能严格地控制退火后的硬度。

图 3-48 T8 钢退火后的组织（100 ×）

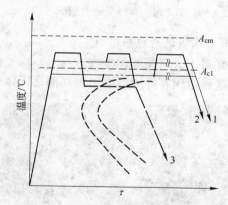

图 3-49 过共析钢球化退火工艺图

球化退火主要用于过共析的碳钢及合金工具钢（如制造刃具、量具、模具所用的钢种）。其主要目的在于降低硬度，改善切削加工性，并为以后淬火作好准备。球化退火工艺有利于塑性加工和切削加工，还能提高机械韧性。球化退火时，片状的珠光体在反复加热过程中发生破断，然后成为表面积最小、能量最低的球状珠光体组织。由于球化退火保温时间较长，应当注意工件表面不应出现较厚的脱碳层，球化后应当注意检验珠光体球化质量。

A　球化退火正常组织

正常的球化退火组织为具有均匀的中等颗粒大小的球粒状珠光体，渗碳体球的轮廓清晰可见。球化良好的工具钢，其淬火加热温度范围较宽，零件淬火后尺寸变化小，这种组织的材料具有较好的切削加工性能。因此，对于工具钢或高碳高合金钢来说，球化处理是淬火前的预备热处理工艺。图 3-50 所示为 T12 钢正常球化退火组织图。

B　球化退火欠热组织

碳素工具钢在球化温度过低使得珠光体球化不良造成的组织，在 500×下珠光体的片间距不能分辨，并伴有点状及小球状珠光体。这种组织在淬火时容易出现由于组织不均匀而造成过热组织和淬火开裂。图 3-51 所示为 T8 球化退火欠热组织图。

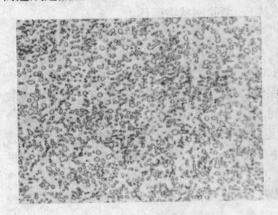

图 3-50　T12 钢正常球化退火组织（500×）　　　图 3-51　T8 钢球化退火欠热组织（500×）

C　球化退火过热组织

碳素工具钢在球化温度过高时，珠光体出现粗片状，部分粒状渗碳体呈粗球状、棱角状，这种组织在淬火后会出现局部马氏体粗大现象，见图 3-52。

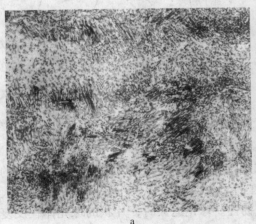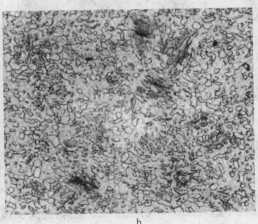

a　　　　　　　　　　　　　　　　　　　b

图 3-52　T8 钢球化退火过热组织

a—400×；b—1000×

3.3.1.3 网状渗碳体的检验

碳素工具钢在热加工后冷却过程中，二次碳化物沿晶界析出而呈网络状，称为网状碳化物。网状渗碳体的存在将增加钢的脆性，使钢的冲击韧性显著下降，明显降低工具的使用寿命。这是碳素工具钢检验项目之一，评级图 1~4 级。一般来说：$\phi \leqslant 60mm$，$\leqslant 2$ 级合格；$\phi \geqslant 60mm$，$\leqslant 3$ 级合格，见图 3-53。

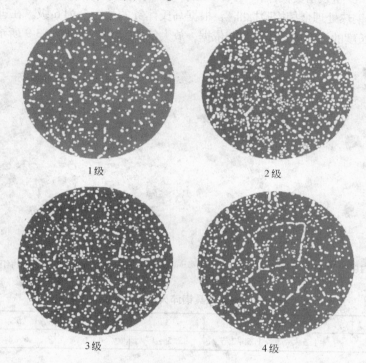

1 级   2 级

3 级   4 级

图 3-53 碳素工具钢二次碳化物级别（100×）

3.3.1.4 脱碳层的检验

脱碳层的检验是指钢材在热加工时由于表面与炉气的氧化反应，失去部分或全部的碳量，造成钢材表面碳量降低的区域。分为部分脱碳层（铁素体 + 珠光体）和全脱碳层（铁素体），见图 3-54。脱碳层厚度等于部分脱碳层和全脱碳层厚度之和。球化退火后的脱碳层主要观察表面与心部组织的变化情况。

3.3.1.5 石墨碳的检验

游离石墨碳是碳素工具钢容易产生的一种缺陷。产生原因是由于含碳素工具钢碳含量较高，当退火温度较高、长时间保温和缓慢冷却，或者是多次退火，使钢中的碳以石墨形式析出。析出的石墨碳较松散，多呈灰色点状或者不规则形状，在制样时容易脱落。

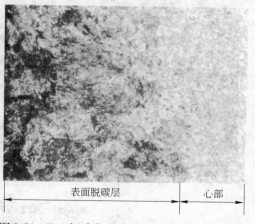

表面脱碳层   心部

图 3-54 T10 钢球化退火后表层脱碳层（400×）

侵蚀后，在石墨碳周围由于贫碳，使得铁素体数量较多，珠光体较少，可以与制样时形成的凹坑相区别，见图 3-55。

3.3.1.6　淬火组织的检验

碳素工具钢的正常淬火温度在 $A_{c1}+30\sim50℃$，即通常的加热温度为 $760\sim780℃$，组织一般为细针状马氏体 + 少量残留奥氏体，马氏体级别一般不大于 $2\sim3$ 级，见图 3-56。标准参照 ZBJ 36003—87《工具钢热处理金相检验标准》，根据马氏体针的长短分为 6 级。在进行评级时应当选择视阈中一般长度的马氏体针作为测定依据，放大倍数为 $500\times$，如表 3-9 所示。

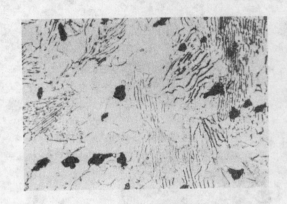

图 3-55　T10 钢中的石墨碳（500×）　　　　图 3-56　T8 钢正常淬火后的组织（500×）

表 3-9　碳素工具钢淬火后马氏体级别

M 级别	1	2	3	4	5	6
M 针长度/mm	≤1.5	1.5~2.5	2.5~4	4~6	6~8	8~12

当淬火温度选择不当或保温时间不合理以及淬火冷速较小时会出现欠热组织、过热或过烧组织等。碳素工具钢在淬火冷速不足的情况下会出现托氏体组织，这种组织使工具钢丧失一定的切削能力和耐磨性，而原材料中碳化物的分布不均易导致工具的开裂，见图 3-57a。

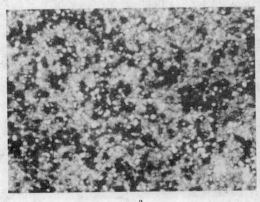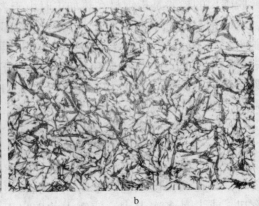

a　　　　　　　　　　　　　　　　　　　b

图 3-57　T12 钢淬火后的组织（500×）

a—淬火冷速不足；b—830℃淬火过热组织

在较高温度下淬火时将导致马氏体针状较长，级别较高，属于淬火过热，见图3-57b。

3.3.1.7　回火组织的检验

回火组织应当为均匀的回火马氏体组织。侵蚀后回火马氏体组织的色泽为均匀的黑色，如果色泽有淡黄色为回火不充分，应补充回火。

3.3.2　合金工具钢的金相检验

合金工具钢在退火状态的金相检验项目、目的、方法等许多方面与碳素工具钢类似，主要内容包括以下几个方面。

3.3.2.1　珠光体检验

合金元素细化了钢的组织，因此合金工具钢的球状珠光体或片状珠光体均比碳素工具钢细小，见图3-58。在退火状态下，一般可以由珠光体的粗细来判断材料是碳素工具钢还是合金工具钢。珠光体的评级标准为GB/T 1299—2000。

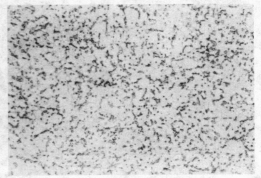

图3-58　4Cr5MoV1Si 钢超细球化
退火组织（1000×）

3.3.2.2　网状碳化物检验

合金工具钢的碳化物颗粒及碳化物网的粗细均比碳素工具钢细小，评级方法与碳素工具钢基本相同，见图3-59。一般截面小于60mm 钢材的组织允许有破碎的半网存在，但不允许有封闭的网状碳化物存在。封闭的网状碳化物将容易造成刀具崩刃。

3.3.2.3　脱碳层检验

合金工具钢退火状态的脱碳层组织与碳素工具钢相同，如图3-60 所示。

3.3.2.4　共晶碳化物不均匀度检验

高碳高铬钢（Cr12、Cr12MoV 钢）属于莱氏体钢，铸造状态有共晶网状碳化物组织，

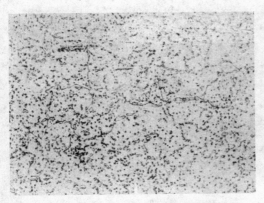

图3-59　4Cr5MoV1Si 钢网络状分布的
细小条状碳化物（1000×）

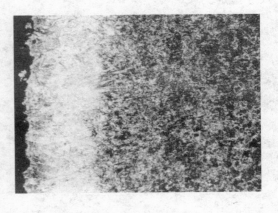

图3-60　9SiCr 钢淬火回火后
表层脱碳（500×）

如图 3-61 所示。锻轧等热加工可以使部分网状组织破碎。当热加工变形量较大时，碳化物呈堆积的带状；当热加工变形量较小时，碳化物呈较完整的网状。钢中的这种碳化物不均匀的分布即为碳化物不均匀度。严重时将造成工模具在锻造或热处理时的开裂、过热及变形，并使工模具在使用过程中出现崩裂等缺陷，因此必须检验和控制碳化物不均匀度。按照 GB/T 1299—2000 标准，碳化物不均匀度共分 8 级，1～3 级为带状，4～6 级分带状和网状两种；7～8 级为网状。

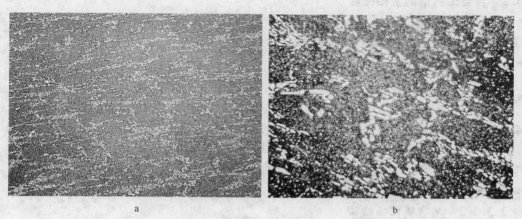

图 3-61 Cr12 淬火回火后的组织
a—网状共晶碳化物，100×；b—放大后的碳化物网，500×

3.3.2.5 合金工具钢的淬火回火后的金相检验

合金工具钢的淬火临界速度较小，所以淬透性好，即使以缓慢冷却速度（如油冷）也能获得马氏体组织，马氏体多呈丛集状，见图 3-62。马氏体针叶的长度和评级方法同碳素工具钢，一般以马氏体不大于 2～3 级为合格。对于量具和刃具，为获得高硬度和耐磨性常采用低温回火，回火后组织为回火马氏体 + 细小颗粒碳化物。对合金量具钢的热处理要进行冷处理和低温人工时效，以减少残留奥氏体含量，充分消除应力，使量具尺寸稳定。

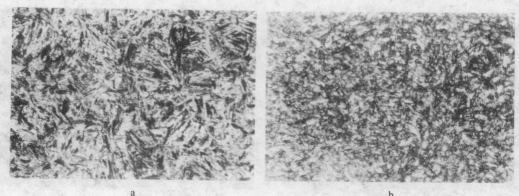

图 3-62 3Cr2Mo 钢的组织（500×）
a—850℃淬油后的组织；b—850℃淬油 600℃回火后的组织

3.4 高速钢、模具钢的热处理与金相检验

3.4.1 高速钢的热处理与金相检验

高速工具钢以能进行高速切削而得名。在高速切削时，车刀温度能达到 500～600℃，而碳素工具钢、合金工具钢刀具在 250～300℃时硬度将显著降低，失去切削能力。技术要求：有较高的硬度、耐磨性和红硬性；在高速切削时，刃部受热至 600℃左右，硬度仍未明显减低；制成的刀具在 600℃加热 4h 后冷却至室温，硬度仍能大于 62HRC。随着切削加工的切削速度和走刀量不断提高，以及高硬度、高强度新材料的应用愈来愈多，对刀具的要求不断提高，导致出现了超硬高速钢（68～70HRC）。

高速钢的主要成分特点含有 C、W、Cr、V、Mo、Co、Al 等合金元素，以提高热处理时的高淬透性和红硬性。

常用牌号及分类：

（1）W 系高速钢（如 W18Cr4V）。含 W 的质量分数在 12%～18% 之间。W 是提高高速钢红硬性的主要元素，能强烈地形成碳化物，有强烈的细化晶粒的作用。该种钢淬火温度范围较广，不易过热，回火过程中析出的钨碳化物弥散分布于马氏体基体上，与钒的碳化物一起造成钢的二次硬化效应。W 系高速钢是使用最早和使用较广的钢种。但是该种钢的碳化物不均匀度较为严重，热塑性较差，不易热塑成形，同时钨含量较高，不经济。取而代之的是 W-Mo 系高速钢。

（2）W-Mo 系高速钢（如 W6Mo5Cr4V2）。Mo 在钢中的作用同 W 相似，能够提高钢的淬透性和红硬性，提高钢的强度，造成二次硬化，按照质量百分比计算 1% Mo 可代替 2% W。Mo 能降低钢结晶时的包晶反应温度，锻造后碳化物不均匀度较好。但是钢的晶粒易于长大，过热敏感性高，故淬火加热温度范围较窄。含 Mo 的高速钢退火时脱碳倾向较大，而且由于含有较多的 V，钢的磨削性能较差。

（3）高碳高钒高速钢（如 W6MoCr4V3）。V 是造成高速钢红硬性的主要元素之一，也是强碳化物形成元素。在提高 V 含量的同时，必须相应提高 C 含量，以形成 V 的碳化物。由于 VC 具有较高的硬度和耐磨性，因此钢的可切削性能差，只用于制造形状简单的刀具。

（4）Co 高速钢（如 W2Mo9Cr4VCo8）。Co 是非碳化物形成元素，能够提高钢的合金度及红硬性。该钢的硬度可达 68～70HRC，被称为超硬高速钢。该钢切削能力及红硬性大大提高。适合于制造加工硬材料、高强度、高韧性材料和在冷却条件不良情况下加工的切削刀具。

（5）Al 高速钢（如 W10Mo4Cr4V3Al）。Al 的加入改善了钢的脆性，并使刀具切削时不产生粘刀现象。该钢的缺点是脱碳倾向大，磨削性能差。

3.4.1.1 高速钢的显微组织

A 铸态组织

高速钢属莱氏体钢类型，高速钢铸锭冷却较快，合金元素来不及扩散，一般得不到平衡组织，在包晶反应区包晶转变不完全，保留 δ 相析出细小的碳化物，成为"黑色组织"，它是马氏体与托氏体的混合组织。在 γ 相区未进行共析转变，成为"白色组织"，主要是以马

氏体组成。δ相过冷与液相反应形成共晶莱氏体，形态为骨骼状，见图 3-63。骨骼状莱氏体的粗细影响碳化物均匀度。较细小的莱氏体经锻轧、退火后可获得较均匀的碳化物。

B　退火组织

高速钢退火状态组织为索氏体和碳化物，如图 3-64 所示。退火组织要进行脱碳层深度测定。组织评定用 JB/T 4290—1999《高速钢锻件技术条件》进行取样和评级。

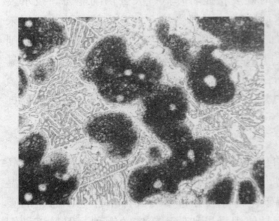

图 3-63　W18Cr4V 钢铸态组织（500×）　　　图 3-64　W18Cr4V 钢热轧后退火组织（500×）

C　淬火组织和晶粒度

高速钢淬火后的显微组织为马氏体、碳化物及体积分数在 30% 左右的残留奥氏体。马氏体至隐针状，侵蚀后呈白色。淬火晶粒度大小是检验热处理质量的重要标志。

（1）淬火正常组织：淬火正常组织为隐针马氏体+残留奥氏体，晶粒度相当于 8、9、10 级，见图 3-65a。

（2）淬火欠热组织：加热温度不足，二次碳化物未全部溶解，使得奥氏体合金化程度不够，导致刀具的红硬性降低，晶粒度相小于 10 级，见图 3-65b。

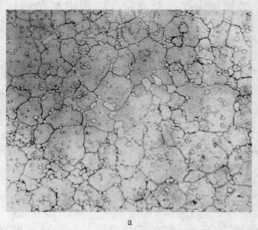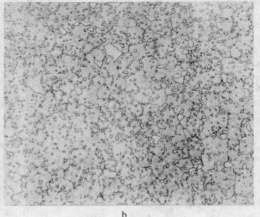

a　　　　　　　　　　　　　　　b

图 3-65　W18Cr4V 钢淬火后的组织（500×）

a—淬火正常组织，晶粒度 8 级；b—淬火欠热组织，晶粒度 10.5 级

（3）淬火过热、过烧组织：淬火过热时晶粒较粗大，晶粒度高于 8 级，见图 3-66a。当晶界处出现灰色共晶莱氏体及大块状黑色托氏体组织，则属于典型的淬火过烧组织，见图 3-66b。加热温度较高，在晶界出现熔化状态，在随后的冷却过程中转变为莱氏体。当加热温度进一步提高，在晶界处出现网络状共晶莱氏体，大块黑色为托氏体，部分黑色托氏体包围中间的灰白色块状区是高温铁素体，属于严重过烧组织，见图 3-67a。当奥氏体晶粒在重复加热后会变得特别粗大，敲断工件后断口呈萘状断口，其金相组织见图 3-67b。萘状断口定义为：高速钢重复加热淬火而不进行中间退火后，奥氏体晶粒特别粗大，敲断后断口呈萘状。金相组织特征是极粗大的晶粒，这种组织使刀具变脆，是不允许存在的缺陷。

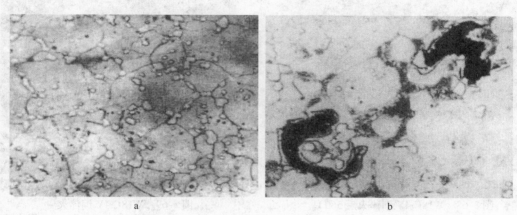

图 3-66　W18Cr4V 钢淬火后的组织（500×）

a—1300℃淬油过热组织，晶粒度 6 级；b—1320℃淬油过烧组织

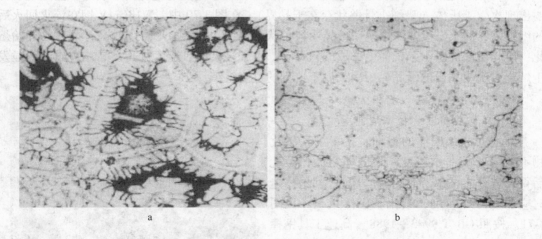

图 3-67　W18Cr4V 钢淬火后的组织（500×）

a—1340℃淬油严重过烧组织；b—1320℃重复二次加热淬火组织

D　回火组织

回火显微组织为回火马氏体，碳化物和残留奥氏体。

（1）回火程度：高速钢淬火后有大量残留奥氏体，需进行三次回火。正常回火后，侵蚀后应观察不到奥氏体晶粒，见图 3-68。

（2）回火过热组织：以晶粒边界碳化物的溶解程度和在冷却过程中析出网状程度来确定过热组织。在图 3-69 中在晶界处析出呈线段状碳化物与颗粒状碳化物连在一起。从晶界处析出的碳化物依其过热严重的程度可分为线段状、半网状及网状。过热组织的刀具能获得较高的硬度和热硬性，所以形状简单的刀具允许有线段状的过热组织，但过热组织往往使刀具产生较大的变形甚至皱皮，故较精密的刀具不允许有过热组织。

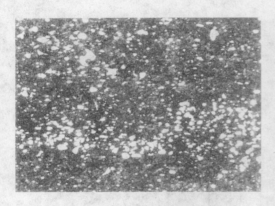

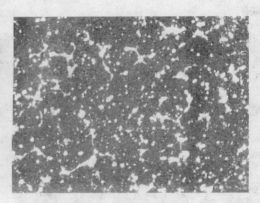

图 3-68　W18Cr4V 钢淬火后 560℃
回火三次后的正常组织（500 ×）

图 3-69　W18Cr4V 钢淬火 +
回火过热组织（500 ×）

（3）回火过烧：出现铸态黑色组织及共晶莱氏体。过热与过烧的区别是：过热组织主要出现次生莱氏体（呈细小骨骼状存在于晶界）。在图 3-70 中，W18Cr4V 钢在淬火回火后的组织为：回火马氏体 + 次生莱氏体 + 棱角状碳化物。由于加热温度较高，晶界已开始熔化，冷却析出的次生莱氏体已构成网状分布。由于淬火加热温度过高，晶粒边界已明显发生熔化，次生莱氏体沿晶界析出，属于典型的过烧组织。

3.4.1.2　高速钢的金相检验

A　原料共晶碳化物不均匀度

细小共晶莱氏体的粗细直接影响到碳化物不均匀度的严重程度，莱氏体粗大，锻轧后得到较严重的碳化物不均匀度，因此铸造时应加大冷却速度，细化莱氏体组织，见图 3-71。按照 GB/T 9943—1988《高速工具钢棒技术条件》及 GB/T 14979—1994《钢的共晶碳化物不均匀度评定法》进行。

B　脱碳层的检验

分为退火脱碳和淬火脱碳，见图 3-72 中 W18Cr4V 钢淬火后的脱碳层中出现柱状铁素

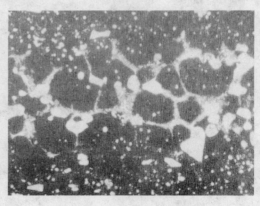

图 3-70　W18Cr4V 钢淬火 + 回火过烧
组织（500 ×）

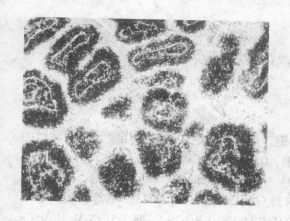

图 3-71 W18Cr4V 钢铸态组织（500×）

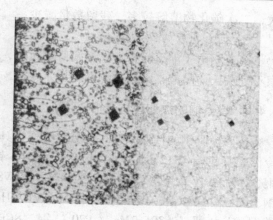

图 3-72 W18Cr4V 钢 1280℃
加热淬火脱碳层（500×）

体组织，同时硬度较心部偏低。

C 锻造后碳化物不均匀程度

高速钢铸造状态的共晶网状碳化物组织，经过锻轧等热加工后可使部分网状组织破碎。若热加工变形量大，碳化物堆积呈带状，见图 3-73a；若热加工变形量较小，则碳化物呈较完整的网状，见图 3-73b。碳化物不均匀度严重时，将造成工具在锻造或热处理时开裂、过热及变形，在使用过程中易出现崩裂等缺陷，为此必须检查和控制碳化物不均匀度。

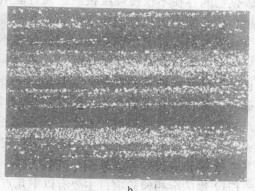

a   b

图 3-73 W18Cr4V 钢碳化物分布（500×）
a—网状分布，6 级；b—带状分布，6 级

D 晶粒度评定

一般在淬火后的晶粒度级别为 8、9、10 级合格，参照 JB/T 9730—1999《W6Mo5Cr4V2、W18Cr4V 钢针阀金相检验-淬火后晶粒度-第四级别图》。

E 过热程度

淬火过热程度可从晶粒度及二次碳化物的数量进行判定。一般过热组织中晶粒度较大，二次碳化物溶解较多，残留数量减少。

　　F　回火程度的评定

　　高速钢由于淬火后存在大量残留奥氏体，故在 3 次回火后组织内部无残留奥氏体，观察不到奥氏体晶粒，无碳化物网析出。

3.4.2　模具钢的热处理与金相检验

　　按照模具钢的使用条件可以分为冷作模具钢、热作模具钢和塑料专用模具钢。常用的冷作模具钢有 Cr12 钢、Cr12MoV 钢、65Nb 钢、012Al 钢、CrWMn 钢、9SiCr 钢、CG－2 钢、GD 钢、GM 钢等，热作模具钢有 3Cr2W8V 钢、5CrMnMo 钢、5CrNiMo 钢、3Cr2W8V 钢、GR 钢、Y4 钢、Y10 钢、4Cr5MoSiV1（H13）钢、3Cr3MoNb（B43）钢等，塑料专用模具钢主要有 30Cr2Mo（P20）钢、8Cr2MnWMoVS（8Cr2S）钢、5CrNiMnMoVSCa（5NiSCa）和 PMS 钢。

3.4.2.1　Cr12 钢

　　冷作模具钢用于金属或非金属材料的冲裁、拉深、弯曲、冷镦、滚丝、压弯等工序。冷作模具钢的技术要求为高硬度、高强度、良好的耐磨性、足够的韧性和小的热处理变形量。冷作模具钢显微组织特点为热处理后要有一定量的剩余碳化物，碳化物分布均匀、形态圆整、细小；马氏体均匀细致（能抑制细微裂纹形成，增加板条马氏体能提高强韧性）；奥氏体晶粒均匀细小。Cr12 钢是常用的冷作模具钢，属高铬微变形模具钢，经常用于制造高耐磨、微变形、高负荷服役条件下的冷作模具和工具。Cr12 钢因含铬量高使钢的淬透性很好。因为组织中含有大量共晶碳化物，故又称为莱氏体钢。大量碳化物的存在不仅使硬度很高，而且能阻止晶粒长大。可以通过控制淬火加热温度来控制合金元素向奥氏体的溶解量，从而使模具得到微变形甚至不变形。残留奥氏体量的多少与模具的变形量密切相关，因此针对不同要求，通过制定相应热处理工艺来控制淬火后的残留奥氏体量，以满足生产上的不同要求。由于 Cr12 型莱氏体钢在铸态下共晶碳化物呈网状，碳化物的不均匀性较严重，增大了钢的脆性，需要反复锻造加以改善；在锻后应进行球化退火处理。Cr12 钢锻造退火后的组织为索氏体加块粒状碳化物。热处理特点：淬火温度较高（1100～1160℃分级淬火），回火温度高（520～600℃，三次回火）。在淬火回火状态都仍会残留有较大的淬火应力，因此淬火后回火必须充分，否则易在磨削和服役中开裂。

　　Cr12 钢的金相检验项目主要有以下几点。

　　A　共晶碳化物不均匀度

　　Cr12 钢的共晶碳化物不均匀度包括铸造状态和锻造处理后的碳化物不均匀度。铸态的 Cr12 钢莱氏体组织粗大，不能直接热处理使用。同高速钢的组织类似，经过锻轧等热加工后可使 Cr12 钢的部分网状碳化物组织破碎。若热加工变形量大，碳化物堆积呈带状；若热加工变形量较小，则碳化物呈较完整的网状。碳化物不均匀度严重时，将造成工具在锻造或热处理时开裂、过热及变形，在使用过程中易出现崩裂等缺陷，为此必须检查和控制碳化物不均匀度。在检验时按照 GB/T 1299—2000《合金工具钢技术条件》标准第四级图评定，见图 3-74。

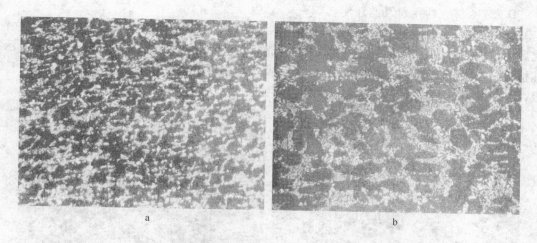

图 3-74 Cr12 钢锻造后组织，共晶碳化物逐渐趋向均匀
a—100 × ；b—500 ×

B 珠光体球化

Cr12 钢在进行淬火处理前应当进行球化处理，如图 3-75 所示，组织为索氏体 + 块状共晶碳化物 + 颗粒状二次碳化物。

C 二次碳化物网

二次碳化物网形成原因主要是：停锻温度较高冷却又较慢；球化退火前需经正火消除残留网状。一般网状碳化物所包围的晶粒也比较粗大，这种晶粒相当于在停锻温度时的奥氏体晶粒。过热球化也可以形成碳化物网，显微组织中可观察到网状二次碳化物、粗粒和粗片珠光体。另外在高温加热风淬或高温分级淬火也可能形成碳化物网，显微组织要用高锰酸钾或赤血盐溶液热染，因为它是纤细而封闭的网络。二次碳化物呈网状会大幅提高材料的脆性，在检验时按照 GB/T 1299—2000《合金工具钢》评级，一般模坯碳化物网不大于 2 级。在图 3-76 中的组织为回火马氏体 + 块状颗粒状共晶碳化物 + 网状分布的二次碳化物 + 残留奥氏体。

图 3-75 Cr12 钢球化退火组织（500 ×）   图 3-76 Cr12 钢网状二次碳化物（500 ×）

D　淬火回火的组织及晶粒度

Cr12 钢在淬火后的组织为隐针马氏体 + 共晶碳化物 + 二次碳化物，见图 3-77a；在回火后的组织为回火马氏体，见不到残留奥氏体组织，如图 3-77b、图 3-78、图 3-79 所示。在检验时按照《工具钢热处理金相检验》行业标准进行。规定一次硬化马氏体针不大于 2 级，晶粒度 10~12 级；二次硬化马氏体针不大于 3 级，晶粒度 8~9 级。

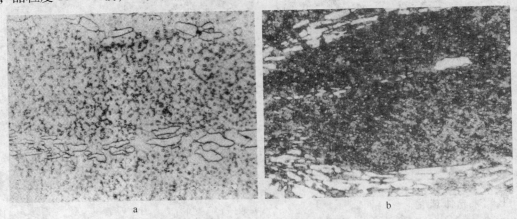

a　　　　　　　　　　　　　　　　b

图 3-77　Cr12 钢淬火回火组织（500 ×）
a—淬火后组织；b—再经 540℃ 回火后组织

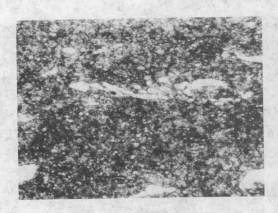

图 3-78　Cr12MoV 钢 1020℃ 真空淬火，
520℃ 三次回火组织（500 ×）

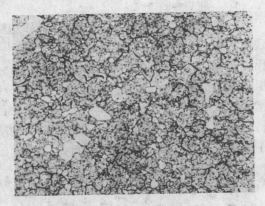

图 3-79　Cr12 钢 980℃ 淬油，
200℃ 回火的组织（500 ×）

3.4.2.2　3Cr2W8V 钢

热作模具钢长时间在反复急冷急热条件下工作，模具温升可达 700℃，因此要求热作模具钢具有较好的热强性及热疲劳和韧性。一般热作模具钢分为三类：（1）高韧性热作模具钢主要用于承受冲击负荷的锤锻模，能在 400℃ 左右的工作条件下承受急冷急热的恶劣工况。此类模具钢有 5CrMnMo、5CrNiMo 等。（2）高热强模具钢一般用于模具温升高容易造成模具型腔堆塌、磨损、表面氧化和热疲劳的热挤压模、压形模、压铸模等模具。此类模具钢有 3Cr2W8V、GR、Y4、Y10 等。（3）强韧兼备的热作模具钢用于能在 550～600℃高温下服役，又可用于冷却液反复冷却的压铸模、压形模等模具。此类模具钢有 4Cr5MoSiV1（H13）、3Cr3MoNb（B43）、5Cr4Mo3SiMnVAl（012Al）等。

3Cr2W8V 钢是我国热作模具的传统用钢，用于要求承载力高、热强性高和耐回火性高的压铸模、热挤压模、压形模。因为含碳量低，因此有一定的韧性和良好的导热性能。3Cr2WSV 钢含碳量虽不高，但在合金元素作用下使共析点左移，因此它属于共析钢或过共析钢。因合金元素含量高，元素的扩散均匀化困难，如果冶炼不当，元素的偏析严重，共晶碳化物的数量会增加，这会导致模具脆裂报废事故。

3Cr2W8V 钢属于共析型热作模具钢，退火组织为点状极细粒状珠光体和共晶碳化物（属于亚稳定共晶碳化物）。碳化物要均匀、细小和圆整，不允许大块状或链状、带状分布。由于合金元素的加入，钢材中的碳氮化合物及夹杂物检验是至关重要的。常采用高于马氏体形成温度进行等温处理，可获得抗热冲击性能贝氏体组织。检验标准有：YB 9—1968《铬轴承钢技术条件》、ZJB 36003—1987《工具钢热处理检验》和 GB/T 1299—2000《合金工具钢技术条件》等。

3Cr2W8V 钢的金相检验项目主要有以下几项。

A　共晶碳化物不均匀性

由于热作模具钢高碳高合金，使得元素扩散困难，严重的元素偏析易导致亚稳定的共晶碳化物出现，见图 3-80 中大块共晶碳化物。可采用高温长时间扩散退火消除。

B　球化质量

3Cr2W8V 钢在球化退火后的组织为球状珠光体组织＋少量碳化物，在检验中可以参照 Cr12 钢的检验内容，见图 3-81。

图 3-80　3Cr2W8V 钢退火组织（500×）

图 3-81　3Cr2W8V 钢等温球化退火
碱性苦味酸钠侵蚀组织（1000×）

C　碳化物网

3Cr2W8V 钢中网状碳化物的产生原因主要是锻后缓冷、退火过热、高温加热空气淬火和高温分级淬火中二次碳化物沿奥氏体晶界析出的出现增加了材料的脆性。一般要求模坯碳化物网不大于 2 级，见图 3-82。

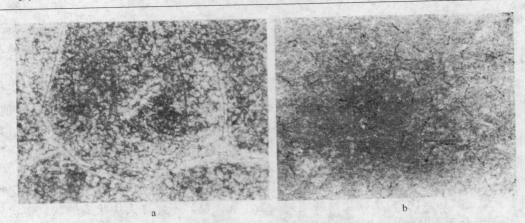

a   b

图 3-82　3Cr2W8V 钢的碳化物网（500×）

a—锻后淬火回火组织；b—淬火回火碱性苦味酸钠侵蚀组织

D　碳化物偏析带

3Cr2W8V 钢中严重碳化物带状偏析（碳化物呈点状）和共晶碳化物在检查时取纵向试样，经淬火回火，深侵蚀后，在 100× 和 500× 放大下根据碳化物聚集程度、大小和形状评定其级别，可参照《铬轴承钢技术条件》评定，见图 3-83。

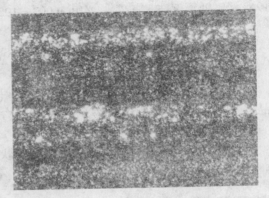

图 3-83　3Cr2W8V 钢淬火回火链状
共晶碳化物组织（500×）

E　热处理组织

3Cr2W8V 钢淬火后的组织为马氏体组织＋共晶碳化物＋残留奥氏体，回火后的组织为回火马氏体＋共晶碳化物，见图 3-84。在检验时要注意淬火后马氏体针的长度及晶粒度的要求。采用回火马氏体、回火托氏体、残留奥氏体和共晶碳化物的模具钢，应注意

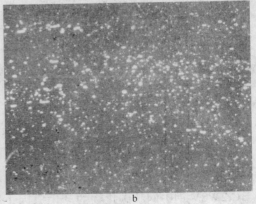

a   b

图 3-84　3Cr2W8V 钢热处理后的组织（500×）

a—1100℃油淬；b—1100℃油淬，600℃回火

有无晶界碳化物网；采用等温处理的注意贝氏体形态，如图3-85所示（组织为下贝氏体＋马氏体＋残余碳化物＋残留奥氏体）。

3.4.2.3 3Cr2Mo（P20）钢

塑料模具一般形状复杂，要求尺寸精度高，表面粗糙度低，尺寸稳定。制作高要求的塑料模具时，材料的加工性能、热处理变形、尺寸稳定性等方面都有很高的要求，一般模具钢不能满足要求，必须采用塑料模具专用钢。

3Cr2Mo（P20）钢是一种预硬型的塑料模具钢，其化学成分属低杂质的合金结

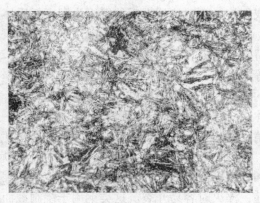

图3-85 3Cr2W8V钢1150℃保温
450℃等温1h油冷（500×）

构钢，可以调质到较高硬度，但仍能保持良好的可加工性，抛光后又能获得较低的表面粗糙度值，调质后的组织为回火索氏体，硬度为34HRC，如图3-86所示。调质后3Cr2Mo钢可进行机械加工，避免了热处理变形，故称"预硬型"塑料模具钢。3Cr2Mo（P20）钢中 $w(S)$ 为0.08%左右，同时增加了含锰量，形成含有大量硫化锰的易切削钢，故调质后仍有很好的可加工性。

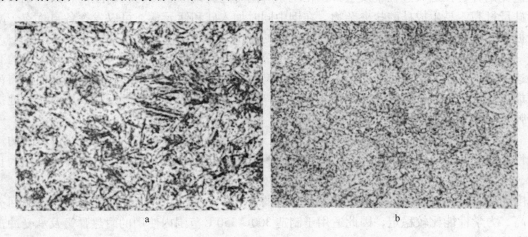

图3-86 3Cr2Mo钢热处理后的组织（500×）
a—850℃淬火马氏体组织；b—850℃淬火620℃回火得到索氏体组织

3.5 弹簧钢的热处理与检验

弹簧钢是用于制造各种弹性元件的专用结构钢，具有弹性极限高，足够的韧性、塑性和较高的疲劳强度。弹簧钢中加入的合金元素主要有硅和锰，目的是为提高淬透性。目前，我国生产的弹簧钢主要有碳素钢、锰钢、硅锰钢、铬硅钢、铬合金钢等几类。

（1）碳素弹簧钢。碳素弹簧钢 $w(C)$ 在0.6% ~0.9%之间，热处理后可以得到高的强度，且具有适当的塑性和韧性。由于碳素钢的淬透性较差，故只能用于制造小尺寸的板簧

或螺旋弹簧，热处理后的组织为回火托氏体。

细小的弹簧钢带及钢丝常用来制造钟表、仪器及阀门上的弹簧。这类冷拉钢丝需经过特殊工艺处理（铅浴等温淬火），即通过 920℃ 加热拉伸或轧制后，在 420 ~ 550℃ 铅浴中等温淬火，再经冷拉，其总变形量可达 85% ~ 90%，而且不引起断裂。通过二次强化处理的钢丝，其抗拉强度可达 2156 ~ 2450MPa。它的组织是沿拉伸方向分布的纤维状回火索氏体及托氏体。应用这种钢材制成的弹簧，一般先经冷缠成形，然后再 200 ~ 300℃ 加热回火消除内应力，使之定形，称之为定形处理。

（2）锰弹簧钢。这类钢与碳钢相比，优点是淬透性和强度比较高，但比硅锰钢的强度和弹性极限要低，同时屈强比也小。锰钢表面脱碳倾向小，缺点是有过热敏感性和回火脆性，淬火时容易开裂。这类钢用于绕制截面较小的弹簧。

（3）硅锰弹簧钢。钢中加入硅可以显著地提高弹性极限和屈强比。硅能缩小 γ 区，提高 A_3 和 A_1 点，使共析点 S 移向低碳部位；同时硅能提高淬透性，使 M_s 点降低。含硅弹簧钢的淬火温度和退火温度要求较高。由于这类钢的珠光体转变在较高温度下进行，所以在一般的退火条件下，即可获得较细的珠光体。硅能产生固溶强化作用，可显著地提高钢的强度和硬度。同时硅还能降低碳在铁素体中的扩散速度，使马氏体在回火时能延缓碳化物的析出和聚集长大，从而增加了淬火钢的耐回火性。硅又是强烈的促进石墨化的元素，故这类钢容易在退火过程中发生石墨化现象。同时这类钢加热时的脱碳倾向较大，钢中的含硅量过高，易生成硅酸盐夹杂物。在钢中同时加入硅和锰元素，可以发挥各自优点，减少彼此的缺点，因此硅锰弹簧钢得到了广泛的应用。

在硅锰钢的基础上，加入钨元素，可显著提高硅锰钢的淬透性，65Si2MnWA 钢的直径达 50mm 的弹簧可在油中淬透。同时由于钨元素的加入，形成钨的碳化物，从而阻碍淬火加热时奥氏体晶粒的长大，在较高温度下淬火仍可获得细小的显微组织，从而明显地提高弹簧的综合力学性能。

（4）硅铬弹簧钢。在硅钢中加入铬和钒元素（60Si2CrVA 钢），使钢能获得较高的淬透性，能使 φ50mm 弹簧在油中可淬透，同时又因铬和钒的碳化物能阻止奥氏体晶粒的长大，所以这类钢的过热敏感性及脱碳倾向均较小。这类钢与 60Si2Mn 钢的塑性相近时，其强度和屈服点比 60Si2Mn 钢高。在硬度相同的情况下，冲击韧度较好。鉴于这类钢耐回火性高，力学性能比较稳定，因此适用于制造 300 ~ 350℃ 范围内使用的耐热弹簧及承受冲击应力的弹簧。

（5）铬合金弹簧钢。50CrVA 钢是典型的气阀弹簧钢，直径为 30 ~ 40mm 气阀弹簧能在油中淬透。为使 50CrVA 钢具有良好的塑性和冲击韧度，其含碳量较 60Si2Mn 钢低。铬元素除能提高淬透性和形成合金碳化物，同时还能降低碳在 α-Fe 中的扩散速度，提高了钢的耐回火性，使钢能在较高温度回火后仍具有理想的强度和硬度，而且韧性较好。钒元素可在钢中形成稳定的 V_4C_3 碳化物，不但可细化晶粒，而且减少钢的过热倾向。鉴于 50CrVA 钢有较好的耐回火性，因此在较高温度（300℃）下长期工作仍有比较稳定的强度和韧性。正常回火组织为细致均匀的回火托氏体，有时基体中允许有少量的未溶解的碳化物。

常用牌号：冷拔钢丝 T8MnA、65Mn、碳素钢 65、65Mn、70Mn，硅铬系的 60SiCrA、60Si2CrVA，硅锰系的 60Si2Mn，退火态使用的 50CrVA、60Si2MnA、65Si2MnWA 等。

3.5.1 弹簧钢的热处理

弹簧钢丝成材过程的强化处理工艺有：冷拉后淬火加中温回火，组织为回火托氏体；"铅淬"（将热轧盘加热到奥氏体状态后，淬到 450~550℃ 的熔化铅液中作等温处理，得到冷拉性能很好的回火索氏体，最后通过一系列冷拔得到需要的钢丝。这种钢丝组织为纤维状的形变索氏体）冷拔处理。表 3-10 所列为常用弹簧钢的牌号、热处理规范和力学性能。

弹簧钢热处理工艺主要有两种：

（1）淬火 + 中温回火处理。适用于热成形的热轧弹簧钢和冷卷成形的冷拉退火弹簧钢。中温回火得到回火托氏体组织，具有较高的弹性极限与屈服强度，同时具有足够的韧性和塑性。

（2）低温去应力退火。适用于冷拉弹簧钢或油淬回火钢丝冷盘成形的弹簧。

表 3-10 常用弹簧钢的牌号、热处理规范和力学性能

钢 号	淬火温度/℃	冷却介质	淬火后硬度 HRC	回火温度/℃	回火后硬度 HRC	力学性能			
						R_{m}/MPa	R_{eL}/MPa	A/%	Z/%
70	820~830	油	60~64	380~400	45~50	1029	833	8	30
70（$\phi>30mm$）	800~810	水	60~63	380~400	45~50	—	—	—	—
65Mn	830	油	—	480	—	980	784	8	30
	810~830	油	60~63	380~400	45~50	—	—	—	—
60Si2MnA	870	油	—	460	—	1274	1176	5	25
	860~870	油	61~65	430~460	45~50	—	—	—	—
60Si2MnA（$\phi>30mm$）	830~840	水	61~65	430~460	45~50	—	—	—	—
50CrVA	850	油	59~62	520	—	1274	1078	10	45
	860~870	油	59~62	370~400	45~50	—	—	10	—

3.5.2 弹簧钢的组织检验

3.5.2.1 石墨碳和非金属夹杂物检验

石墨碳呈黑色小球状，原因是反复加热造成的，抛光时脱落形成孔洞，见图 3-87。按照 GB/T 10561—2005《钢中非金属夹杂物含量的测定》和 GB/T 13302—1991《钢中石墨碳显微评定方法》进行评级。

3.5.2.2 表面脱碳层检验

按照 GB/T 224—2008《钢的脱碳层深度测定法》进行。全脱碳层铁素体晶粒度不均匀原因是弹簧钢达到临界变形度时，再结晶造成晶粒聚集长大。图 3-88 中可见表层脱碳层中大小不一的铁素体晶粒。

3.5.2.3 显微组织检验

弹簧钢的球化退火处理工艺组织为球状

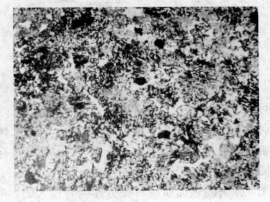

图 3-87 70Si3MnA 钢原材料中的石墨碳（500×）

珠光体。在球化退火时可出现片状珠光体组织；若珠光体片间距较大，属于球化退火过热组织，若珠光体片间距较细小，属于球化退火欠热组织。球化不良，片状珠光体的出现易导致在淬火时组织过热。在拉拔时必须进行球化退火处理以提高塑韧性，利于冷变形加工处理，见图3-89。

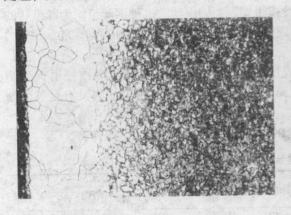

图 3-88　60Si2MnA 钢淬火回火后的脱碳层（500×）　　图 3-89　65Mn 钢球化正常退火组织（500×）

冷拉碳素弹簧钢丝（包括冷拉 65Mn 弹簧钢）在冷拉处理前经过索氏体（细珠光体）转变（俗称铅淬）处理，见图 3-90；冷拉后组织呈纤维状的索氏体（细珠光体），见图3-91。

图 3-90　65Mn 钢铅淬后的组织（500×）　　　　图 3-91　50CrVA 钢冷拉纤维组织（500×）

弹簧钢含碳量及合金元素含量较高，淬火组织为针状马氏体；回火温度采用中温回火，组织为回火托氏体。在检验时注意淬火马氏体针叶以及回火托氏体组织的级别。图3-92中组织属于中等2级较细马氏体级别。图3-93中组织回火程度属于2级较细回火托氏体。在测定马氏体针级别时应当进行浅侵蚀，测量大多数马氏体针的长度。

弹簧的表面质量对疲劳性能有较大的影响，为了改变弹簧的表面状态，一般可采取喷丸强化处理，使弹簧表面发生塑性变形，处于压应力状态。通过这种处理，可减轻弹簧的

图 3-92　60Si2Mn 钢 860℃油淬组织（500×）　　　图 3-93　60Si2Mn 钢 860℃油淬，
450℃回火组织（500×）

表面缺陷以及应力集中地区对疲劳寿命的影响，大大提高弹簧的耐疲劳性能。如图 3-94a 所示，60Si2Mn 钢在淬火回火后表面喷丸处理，弹簧表面因严重塑性变形而产生的一薄层白亮变形强化层，只有在样品制备十分完善的情况下，才能完整清晰地显示出来。根据现有资料认为：弹簧钢喷丸后表面残余压应力在 250MPa 左右比较合适，当残余压应力超过这一值时，将使表面脆性增大，从而在使用时易产生脆断事故，见图 3-94。图 3-94 中黑细线为表面喷丸后在做疲劳试验时产生的显微裂纹。

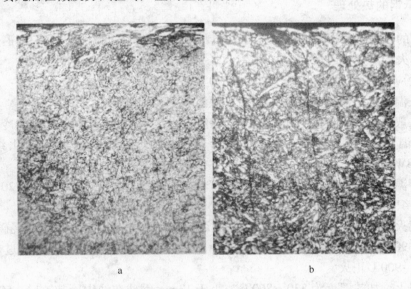

a　　　　　　　　　　　　　b

图 3-94　60Si2Mn 钢 860℃油淬，460℃回火后，表面喷丸（500×）
a—喷丸后表面塑性变形层；b—疲劳试验后产生裂纹

3.5.2.4　主要检验标准

依照 JB/T 10591—2007《内燃机气门弹簧技术条件》，QC/T 528—1999《汽车钢板弹簧金相检验标准》进行检验。

3.6 轴承钢的热处理与检验

轴承在高速运转的同时承受高而集中的交变载荷，接触应力大，同时又因滚珠与轴承套之间的接触面积很小，工作时不但有转动还有滑动，从而产生强烈的摩擦现象。轴承钢适合于制造各种不同工作环境的各类滚动轴承套圈和滚动体。轴承钢中的 $w(C)$ 在 1% 左右，$w(Cr)$ 在 0.5% ~ 1.65%，其中 $w(Cr)$ 在 1.5% 的 GCr15 钢应用最为广泛。GCr15 钢具有高强度、高弹性极限、高的硬度和耐磨性，以及良好的接触疲劳强度和良好的淬透性，同时还具有一定的韧性和抗腐蚀能力，热处理工艺也较为简单等优点。轴承钢中的铬元素除能提高淬透性外，还是碳化物形成元素，在过共析钢中会显著改变钢种碳化物的形态、颗粒大小，而且还将置换铁形成铬的合金渗碳体。

轴承钢对原材料质量要求较高，要求材料严格控制杂质和有害成分，并且化学成分要均匀一致。为消除成分偏析和初步成形，均需进行锻造，锻后组织为细珠光体不利于切削。一般为改善切削和热处理后的组织，一般进行球化处理。常见牌号有：高碳高铬轴承钢以 GCr15、GCr15SiMn 钢为代表；渗碳轴承钢以 25 钢、15Mn、G20CrMo、G20Cr2Ni4 钢为代表；不锈钢轴承以 9Cr18、1Cr18Ni9、1Cr17Ni2 和 Cr13 为代表；耐腐蚀、高温轴承以 Cr4Mo4V、W18CrV、W6Mo5Cr4V2 为代表，中碳轴承钢以 65Mn、55SiMoV 为代表；防磁轴承以 25Cr18Ni10W、70Mn18Cr4W2MoV 为代表。

3.6.1 轴承钢的热处理

轴承钢的热处理根据不同的工艺可以分为去应力退火、低温退火、一般退火、等温球化退火、正火、淬火、回火、冷处理等。

(1) 去应力退火。加热温度为 400 ~ 670℃，保温 4 ~ 8h 后空冷。

(2) 低温退火。温度为 670 ~ 720℃，保温 4 ~ 8h 后空冷。

(3) 一般退火。温度为 780 ~ 810℃，保温 3 ~ 6h，在每小时小于 20℃ 的冷却速度下冷至 720℃ 保温 2 ~ 4h，再用相同的冷速冷却到 650℃ 出炉，可得到球化组织，硬度 170 ~ 207HBW。

(4) 等温球化退火。温度为 780 ~ 810℃ 加热，保温 3 ~ 6h，在 690 ~ 720℃ 等温 2 ~ 4h。显微组织为球化组织。

(5) 正火。正火工艺应针对零件尺寸等调整冷却方式。用于消除和减轻碳化物网时，加热温度为 900 ~ 950℃；用于细化组织时，加热温度为 870 ~ 890℃；用于过热零件返修时，在 880 ~ 900℃ 正火。

(6) 淬火。加热温度为 830 ~ 860℃，小于 13mm 钢球在油中冷却，13 ~ 50mm 钢球在 20 ~ 30℃ 苏打水中冷却，淬滚子在 30 ~ 80℃ 油中冷却；对套圈零件，在 30 ~ 80℃ 或 80 ~ 120℃；热油淬火分级淬火采用 120 ~ 160℃ 油；等温淬火在 130 ~ 350℃ 油中等温 25 ~ 100h；贝氏体淬火在 210 ~ 240℃ 硝酸盐中等温 4h。

(7) 冷处理。温度为 -50 ~ -78℃，1 ~ 2h 后置于空气中。

(8) 回火。零件淬火后应及时回火，一般选择 150 ~ 180℃，硬度为 61 ~ 65HRC；

200℃回火时硬度不小于60HRC；250℃时回火硬度不小于58HRC。

（9）附加回火。选择温度120～150℃，3～6h后空冷。

3.6.2 轴承钢的组织检验

轴承钢的金相检验包括以下内容。

3.6.2.1 低倍组织

轴承钢应当进行低倍组织检查，检验中心疏松、一般疏松和偏析。经酸侵的试样应当无缩孔、裂纹、皮下气泡、过烧、白点及有害夹杂物，见图3-95。

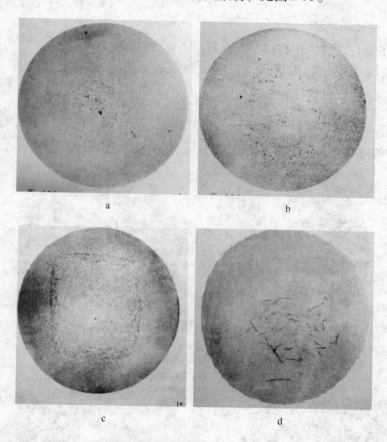

图3-95 轴承钢的低倍组织缺陷（1×）

a—中心疏松1.5级；b——般疏松2.5级；c—偏析2级；d—白点

3.6.2.2 断口

退火后的断口必须晶粒细致，无缩孔、裂纹和过热现象；淬火断口（硬度不低于HRC60）目视不得出现下列缺陷：出现多于一处长度1.6～3.2mm的非金属夹杂物；出现一处长度大于3.2mm的非金属夹杂物；出现疏松、缩孔及内裂。

3.6.2.3 非金属夹杂物

轴承钢对于材料中非金属夹杂物的含量要求应尽量少。具体见表3-11要求。

表 3-11　轴承钢非金属夹杂物合格级别　　　　　　　　　　（级）

非金属夹杂物类型	合格级别（不大于）	
	细　系	粗　系
A	2.5	1.5
B	2.0	1.0
C	0.5	0.5
D	1.0	1.0

3.6.2.4　显微孔隙

在淬火后的纵向磨光面放大 100× 评定，不得超过图 3-96 所示级别。

3.6.2.5　碳化物液析

在 100× 下进行评级，在高倍下观察形态。在 500× 中出现的白块属于碳化物的液析，易造成裂纹，见图 3-97。

3.6.2.6　显微组织

A　球化退火组织

细小均匀的球状珠光体，不得出现欠热、过热现象，见图 3-98。

图 3-96　轴承钢显微孔隙（100×）

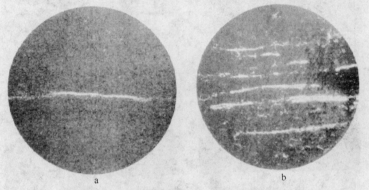

图 3-97　轴承钢的碳化物液析（100×）

a—碳化物液析 3 级；b—碳化物液析 5 级

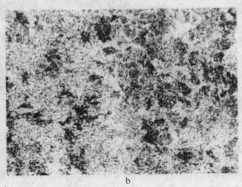

图 3-98　GCr15 钢球化退火后的组织（500×）

a—正常球化退火组织；b—球化退火欠热组织

B　碳化物不均匀性

在淬火回火后，轴承钢不能出现带状的碳化物偏析。在反复锻打时，碳化物应当分布均匀，出现带状组织易造成开裂。在评定时应当评定最严重的区域，并评定带状的宽度。如图3-99所示，颗粒状碳化物呈聚集状态分布在回火马氏体基体上。由于Cr元素扩散极慢，因此碳化物带状偏析不能用一般退火或者扩散退火来消除，而只能用较大的压缩比的热压力加工来改善。

图3-99　轴承钢的碳化物带状偏析4级（100×）

C　表面脱碳层

测量脱碳层的厚度可以用金相法（最常用）、显微硬度法（判定依据）和化学分析法测定，见图3-100。

D　网状碳化物组织

在回火时，二次碳化物会从马氏体组织中析出，若工艺处理不当会呈网状分布。在检验时主要看二次碳化物网的封闭程度，见图3-101中二次碳化物呈网状分布，增加了材料的脆性。

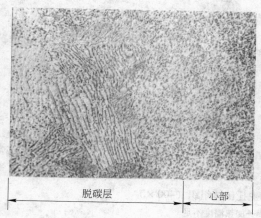

脱碳层　　心部

图3-100　GCr15钢球化处理表面脱碳层组织（500×）

图3-101　GCr15钢淬火回火后白色网状的碳化物（400×）

E　淬火回火组织

淬火组织为隐针马氏体＋颗粒状碳化物＋残留奥氏体，见图3-102。组织中出现黑白区域原因是合金元素的微区分布偏析，在淬火时，造成M_s点不一致，先出现黑色隐针马氏体，后形成白色结晶马氏体，白色颗粒状碳化物分布其间。在淬火时，当加热温度不足或者淬火冷速不足时，材料内部会出现托氏体组织，如图3-103所示。GCr15钢正常回火组织为回火马氏体＋颗粒状碳化物。

3.6.2.7　新技术

固溶超细化处理是获得均匀、细小、圆整的碳化物的先进工艺。当原材料中出现大块状的液析时，可将模坯加热到1050℃左右固溶处理，使大部分碳化物溶入奥氏体内，包括

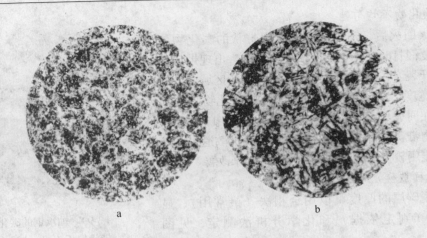

图 3-102　GCr15 钢淬火后的组织（400×）

a—正常淬火组织；b—淬火过热组织

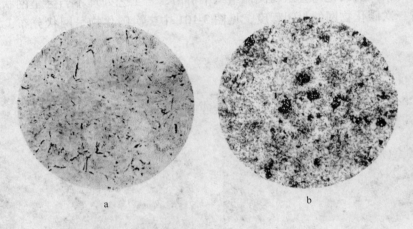

图 3-103　GCr15 钢淬火产生托氏体组织（400×）

a—冷却速度不足；b—加热温度不足

液析，经一定时间均匀化后，以消除碳化物带状偏析。然后将工件淬入 300～350℃ 的硝酸盐中等温处理，使奥氏体全部转化为下贝氏体，然后将工件升温到 720℃ 回火 1h，再升温到 780℃ 保温 1h，再降温到 720℃ 保温 2h 后炉冷到 500℃ 出炉，这样可获得均匀、细小、圆整的超细化碳化物，最大直径为 1.0μm，最小直径为 0.22μm。碳化物偏析带和液析可以基本消除，经超细化后的工件可以直接进行机械加工。如图 3-104 中 GCr15 钢在固溶等温时得到下贝氏体，然后短时间等温球化（720℃×1h+780℃×1h+720℃×2h）退火可得到细小均匀的球状珠光体组织。

3.6.2.8　评级原则

所有显微检验和宏观检验均在检验面上以最严重视场和区域为评级依据。参考标准：JB/T 1255—2001《高碳铬轴承钢滚动轴承零件热处理技术条件》，GB/T 18254—2002《高碳铬轴承钢》。

图 3-104　GCr15 钢固溶超细化处理（500×）

a—固溶等温得到下贝氏体；b—固溶等温＋短时间球化退火

3.7　特殊性能钢的热处理与检验

特殊性能钢主要是指耐磨钢、不锈钢和耐热钢等具有特殊物理、化学和力学性能的钢。

3.7.1　耐磨钢

传统耐磨钢为 ZGMn13，俗称高锰钢。高锰钢是在过共析钢中增加锰的含量（约 11%～14%）使 Mn/C 之比接近 10/1，再经过水淬后得到室温单一奥氏体组织的钢。

在承受载荷和严重摩擦作用下，使钢发生显著硬化。载荷越大，硬化程度越高，耐磨性能越好。如在静载荷下使用，它的耐磨性反而不高，因此适合制作承受剧烈冲击和在严重摩擦条件下工作的零件。

3.7.1.1　高锰钢的铸态组织

由于机加工困难，高锰钢一般铸造成形。铸态组织应该为：奥氏体基体＋少量珠光体型共析组织＋大量分布在晶内和晶界上的碳化物，见图 3-105。在高温时析出的碳化物在晶界呈网状或者局部呈块状；在较低温度析出的碳化物则在晶内呈针状、片状分布，或者以明显或不明显的渗碳体魏氏组织出现在奥氏体基体上。由于碳化物较脆，铸态高锰钢一般不能直接使用。

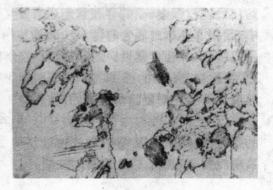

3.7.1.2　耐磨钢的检验

A　热处理后的组织

高锰钢的热处理一般为水韧处理。水韧

图 3-105　ZGMn13 铸态组织（500×）

处理的过程即：将 ZGMn13 铸件加热到高温（1000～1100℃）保温一段时间，使铸态组织中的碳化物全部溶入基体奥氏体中，然后迅速淬水快冷使碳化物来不及从过饱和的奥氏体中析出，以获得均匀的单相奥氏体组织，见图 3-106，这种处理称为水韧处理。正常水韧处理后的组织为过饱和的单相奥氏体，晶粒大小不均匀，也有少量均匀分布的粒状碳化物。水韧处理后的碳化物有：未溶、析出或过热碳化物，见图 3-107。

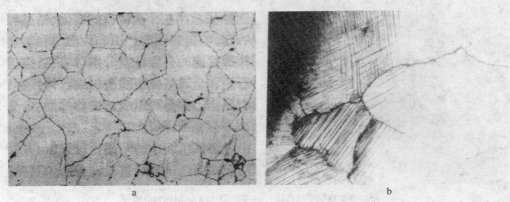

图 3-106　ZGMn13 钢水韧处理后的组织

a—基体奥氏体组织（100×）；b—表层制样时产生大量滑移线（500×）

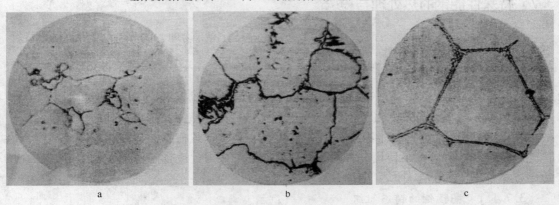

图 3-107　ZGMn13 水韧处理后的碳化物类型与级别（100×）

a—未溶碳化物，W5；b—析出碳化物，X6；c—过热碳化物，G4

B　铸造高锰钢的常见缺陷

ZGMn13 钢中的常见缺陷主要是分散分布的串状或串联成断续网状分布的显微疏松、气孔、非金属夹杂物及沿晶裂纹等，见图 3-108。

C　铸造高锰钢的金相检验标准

按照 GB/T 13925—1992《铸造高锰钢金相》标准进行显微组织、碳化物、晶粒度和非金属夹杂物的评级。

3.7.2　不锈钢

我们所说的不锈钢是指在大气、水、酸、碱和盐等溶液或其他腐蚀介质中具有化学稳

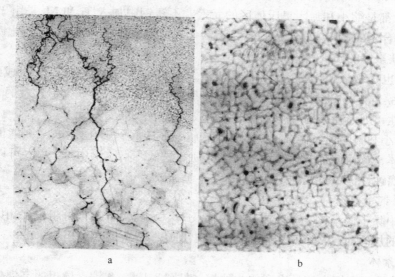

图 3-108 ZGMn13 水韧处理后的缺陷

a—沿晶裂纹, 50×; b—树枝状偏析的奥氏体 + 黑色灰色氧化物夹杂, 200×

定性的钢的总称, 而把其中的耐酸、碱和盐等侵蚀性强的介质腐蚀的钢称为耐酸钢。广义的不锈钢也包括耐热不锈钢, 即具有较好的抗高温氧化性能的钢。

不锈钢的分类: 按照金相组织的不同, 可分为铁素体不锈钢、马氏体不锈钢、奥氏体不锈钢、奥氏体-铁素体双相不锈钢和沉淀硬化不锈钢; 按照合金元素的不同分为铬系不锈钢、铬镍系不锈钢、铬镍钼系不锈钢、铬锰镍系不锈钢等。近年来又开发出高纯铁素体不锈钢、超低碳奥氏体不锈钢等新品种。

3.7.2.1 不锈钢的合金元素与常出现的相

A 不锈钢中常见的合金元素

不锈钢中常见的元素有 C、Cr、Ni、Mn、Si、N、Nb、Ti、Mo 等。

C 是不锈钢中的主要元素之一, 特别是马氏体不锈钢中的重要强化元素。C 强烈地促进奥氏体的形成。但 C 在钢中极易和其他合金元素 (如 Cr) 生成合金碳化物 $(C, Fe)_{23}C_6$, 并在晶界析出造成晶界贫铬, 导致不锈钢的晶界腐蚀敏感性。为此奥氏体不锈钢中需严格控制其碳含量, 同时加入 Ti、Nb、Ta 等元素优先与 C 生成 TiC、NbC、TaC 等碳化物, 以提高不锈钢的耐晶界腐蚀性能。

Cr 是不锈钢中最重要的合金元素, 它能溶入铁素体, 扩大铁素体区, 缩小、封闭奥氏体区, 并提高钢中铁素体的电极电位。一般要求钢中的 Cr 含量在 11.7% 以上才能提高钢的抗腐蚀能力。我国将不锈钢中含铬量定为不小于 12%。Cr 易与 C 生成 $(Fe, Cr)_7C_3$ 和 $(Cr, Fe)_{23}C_6$ 两种碳化物。

Ni 是增大奥氏体稳定性及扩大 γ 区, 缩小 α 和 α + γ 区的元素, 也是形成奥氏体的元素。加入适量的 Ni 可得到单一组织的奥氏体不锈钢, 减少 δ 铁素体的含量。Mn 的作用和 Ni 相似, 能扩大 γ 区, 提高奥氏体的稳定性, 但价格便宜, 常用来代替贵重元素 Ni。

　　Ti 和 Nb 都是缩小和封闭奥氏体区的元素，不锈钢中加入 Ti 和 Nb 是由于它们能优先于 Cr 与 C 结合生成 TiC、NbC，避免含 Cr 碳化物的生成。Ti 和 Nb 均能强化铁素体，但易导致少量 δ 铁素体的出现。

　　Al 和 Si 也是缩小和封闭奥氏体区的元素，Al 和 Si 能分别和 O 结合生成致密的 Al_2O_3 和 SiO_2 氧化膜，作为合金元素加入可以提高不锈钢的抗氧化性能，但过量的 Al 和 Si 又会降低钢的塑性，因而在结构用不锈钢中应用较少。

　　Mo 是缩小和封闭奥氏体区的元素，它在铁素体中起到强化作用，Mo 能促进形成铁素体和 δ 铁素体，从而使钢的高温性能及冲击韧性降低。不锈钢中加入 Mo 可以增加钝化作用，提高耐腐蚀性能，特别是耐点蚀性能。

　　B　不锈钢中的相

　　不锈钢中除了铁素体、奥氏体、马氏体及 $M_{23}C_6$、M_7C_3 等常见组织和相以外，由于大量合金元素的加入而改变了其相变特性，会出现一些特定的组织相。

　　a　δ 铁素体

　　δ 铁素体是不锈钢中较易出现的一种相，见图 3-109。δ 铁素体也叫高温铁素体，以区别于低温 α 铁素体。δ 铁素体也是体心立方晶格，但晶格常数与 α 铁素体不同，并表现出较高的脆性。由于合金元素的作用，δ 铁素体从高温快冷时可保持到室温。δ 铁素体易引发点腐蚀，在加工过程中易引发裂纹。

　　b　σ 相

　　σ 相是一种 Fe、Cr 原子比例相等的 Fe-Cr 金属间化合物，其分子式近似可用 FeCr 表示，晶体结构为正方晶系，有磁性，硬而脆，见图 3-110。σ 相一般在 500 ~ 800℃温度范围内长时间时效时析出，较高的含铬量（25% ~ 27%）及 δ 铁素体的存在均会促进 σ 相的析出。σ 相显著地降低钢的塑性、韧性、抗氧化性、耐晶界腐蚀性能，危害性较大，应尽力避免该相的出现。

　　图 3-109　0Cr18Ni9Ti（固溶处理态）后的
　　　　　奥氏体 + δ 铁素体（400 ×）

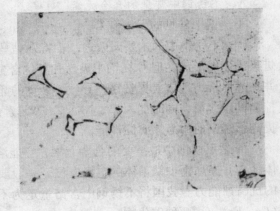
　　图 3-110　1Cr18Ni9Ti 钢时效后的 σ 相（500 ×）
　　　　　（侵蚀剂：苛性赤血盐水溶液）

　　C　碳化物

　　这是碳与一种或数种金属元素构成的化学化合物。在不锈钢和耐热钢中常常有碳化物存在。钢中随含碳量的增加，碳化物也逐渐增多。钢经过热处理后，有时温度不够或保温时间不够，碳化物不能完全溶入奥氏体中，或者有些碳化物熔点较高，在一定的温度下不能熔解，冷却后仍保留在钢的基体中，因此钢中有碳化物存在总是难免的。在不锈钢和耐热钢中，由于合金元素较复杂，所以碳化物也较复杂，类型也较多。其碳化物大致可分为 MC 型、M_6C 型、$M_{23}C_6$ 型、M_7C_3 型四种形式。

此外，在含氮及双相不锈钢中还会出现 Cr_2N、CrN 等氮化物和 χ（$Fe_{36}Cr_{12}Mo_{10}$）、R（Fe-Cr-Mo）、π（$Fe_7Mo_{13}N_4$）、τ 等金属间化合物相。

3.7.2.2 不锈钢金相试样的制备与侵蚀

A 不锈钢金相试样的制备

一般和高合金钢基本相同。其中奥氏体型不锈钢基体较软，韧性较高和易于加工硬化，制样难度较大，易产生机械滑移和扰乱层等假象影响组织分析检验。试样制备应当以不引起组织变化为前提。磨砂纸时尽量使用新砂纸，以减少磨制时间。不锈钢（耐热钢）最理想的抛光方法是电解抛光。常用电解抛光条件为：（1）（60%）高氯酸 200mL + 酒精 800mL，电压 35 ~ 80V，时间 15 ~ 60s；（2）铬酸 600mL + 水 830mL，电压 1.5 ~ 9V，时间 1 ~ 5min。

B 不锈钢金相试样的侵蚀

不锈钢具有较高的耐腐蚀性能，显示其显微组织的侵蚀剂必须具有强烈的侵蚀性，才能显示清晰的组织。常用的侵蚀剂有：（1）氯化高铁 5g + 盐酸 50mL + 水 100mL；（2）盐酸 10mL + 硝酸 10mL + 酒精 100mL；（3）苦味酸 4g + 盐酸 5mL + 酒精 100mL。

此外，不锈钢中可能还会同时出现铁素体、奥氏体、碳化物、δ 铁素体、σ 相等，可以通过化学或电解侵蚀等方法予以区别。在形态上奥氏体有孪晶组织，铁素体常呈带状或枝晶状；用赤血盐氢氧化钾溶液侵蚀后铁素体呈玫瑰色，奥氏体呈光亮色；氢氧化钾水溶液电解后，铁素体呈灰色，奥氏体呈白色；用碱性高锰酸钾侵蚀后，碳化物为浅棕色，σ 相为橘红色。

3.7.2.3 各类不锈钢的热处理及其金相组织

A 铁素体不锈钢

铁素体不锈钢含铬 11% ~ 30%，尚可含少量钼、铌、钛及低碳，基本上不含镍，强度较高，耐氯化物应力腐蚀、点蚀、缝隙腐蚀等性能优良，但对晶界腐蚀敏感，低温韧性较差。主要钢号有 0Cr13Al、1Cr17、1Cr17Mo、00Cr27Mo、00Cr30Mo2 等。这类钢经 900℃ 保温并空冷后的显微组织为：铁素体及沿轧制方向分布的碳化物，见图 3-111。含碳量较高、含铬量处于下限时（如 1Cr17 钢），钢中会出现珠光体组织，经 1200℃ 加热并水淬后的显微组织为 δ 铁素体 + 低碳板条马氏体，见图 3-112。一般含碳量低、含铬量偏高时（如 00Cr27Mo 钢），钢的显微组织为铁素体，故不能通过相变热处理来改善钢的性能，见图 3-113。钼、钛等元素加入铁素体不锈钢中不改变其铁素体组织，但会生成 MoC、Mo_3C、TiC 等碳化物，经淬火后固溶于铁素体中，强化钢的性能和抗蚀能力。

铁素体不锈钢在 400 ~ 550℃ 温度范围内长时间加热会显著降低钢的耐蚀性，并出现脆化，即所谓475℃脆性。研究表明，这是富铬铁素体内相变的结果。铁素体不

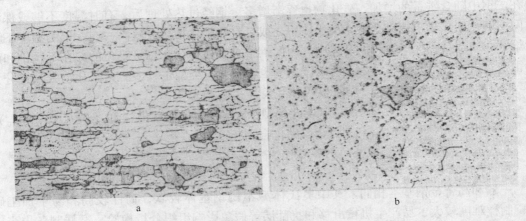

图 3-111   1Cr17 钢退火组织（500×）

a—热轧退火组织，侵蚀剂：王水-甘油侵蚀；b—退火组织，侵蚀剂：硫酸铜盐酸水溶液

图 3-112   1Cr17 钢的淬火组织（500×）

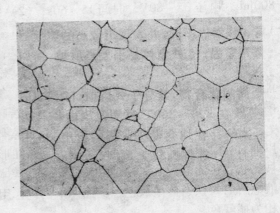

图 3-113   00Cr27Mo 钢的淬火组织（400×）

锈钢在600~800℃温度范围内长时间加热，则会因为析出 σ 相而降低钢的塑性和
韧性。

　　B   马氏体不锈钢

　　马氏体不锈钢在高温状态的组织为奥氏体，经过淬火后，奥氏体转变为马氏体，
故称其为马氏体不锈钢。马氏体不锈钢最常见的是 Cr13 型不锈钢，即含 Cr 量的质量
分数为 12%~14%，含 C 量的质量分数为 0.1%~0.4%，国家标准 GB/T1220—
1992 中属于该合金系列的牌号有 1Cr13、2Cr13、3Cr13、4Cr13，此外还有一个牌号
的合金9Cr18MoV。高的含铬量使钢具有良好的抗氧化性和耐腐蚀性能，铬大部分固
溶到铁素体内，提高了钢的强度，同时在钢的表面形成了致密的耐蚀氧化膜。碳的作
用是使钢热处理后强化，含碳量越高，钢的硬度和强度也越高。但 C 和 Cr 易形成碳
化物 $Cr_{23}C_6$，降低钢的耐蚀性。

　　马氏体不锈钢退火后的组织为铁素体与碳化物，碳化物常沿铁素体晶界呈网状分
布，使得钢的强度和耐蚀性都很差，因此要经过调质处理，见图 3-114。9Cr18MoV 钢在退火后的组织

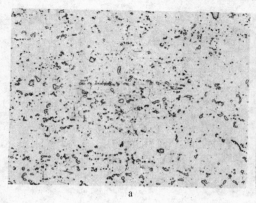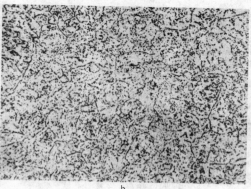

图 3-114　马氏体不锈钢退火组织（500×）

（侵蚀剂：氯化高铁盐酸水溶液）

a—1Cr13 钢退火组织；b—3Cr13 钢退火组织

为球状珠光体 + 大块共晶碳化物，见图 3-115。

　　Cr13 型钢在 850℃ 以上温度加热时即进入奥氏体区，碳化物 $Cr_{23}C_6$ 完全溶解的温度是 1050℃，而当温度高于 1150℃ 时，钢中将出现 δ 铁素体。因此 1Cr13、2Cr13 钢的淬火温度为 1000 ~ 1050℃。淬火后，1Cr13 钢的组织为马氏体 + 少量 δ 铁素体，见图 3-116；2Cr13 钢的淬火组织为针状马氏体，见图 3-117。

　　3Cr13、4Cr13 钢由于含碳量较高，钢中的碳化物较多，加热时可以阻止奥氏体晶粒长大，所以其淬火温度可以提高至 1050 ~ 1100℃ 使钢中的碳化物更多地溶入奥氏体中。淬火后的组织为马氏体 + 碳化物 + 少量残留奥氏体，见图 3-118。

图 3-115　9Cr18MoV 钢退火组织（500×）

（侵蚀剂：氯化高铁盐酸水溶液）

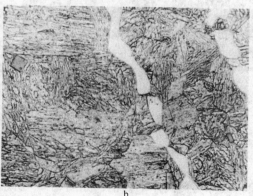

图 3-116　1Cr13 钢淬火组织（500×）

（侵蚀剂：氯化高铁盐酸水溶液）

a—正常淬火组织；b—淬火过热组织

图 3-117   2Cr13 钢 1000℃油淬过热组织(500×)
（侵蚀剂：苦味酸盐酸酒精）

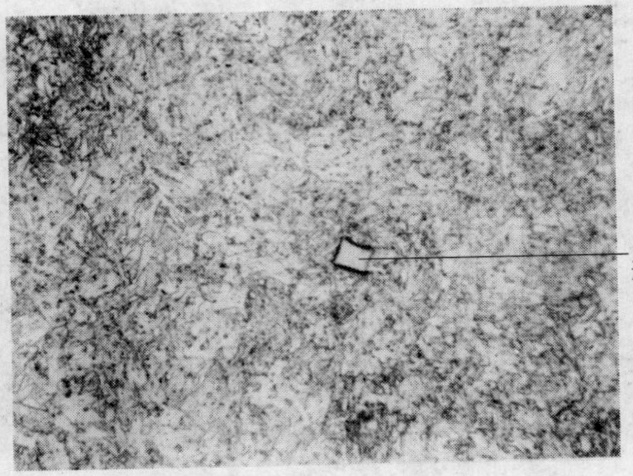

图 3-118   3Cr13 钢 1200℃油淬组织（500×）
（侵蚀剂：苦味酸盐酸酒精）

（TiN 夹杂物）

　　9Cr18MoV 钢在淬火后的组织为隐针马氏体 + 共晶和二次碳化物 + 少量残留奥氏体，见图 3-119。

　　含碳量低的马氏体不锈钢回火组织变化和结构钢相同，低温回火得到回火马氏体，高温回火得到回火索氏体。一般 1Cr13、2Cr13 钢为获得较好的力学性能，采用 600 ~ 750℃高温回火，得到回火索氏体，见图 3-120；3Cr13、4Cr13 钢为得到较高的硬度和耐磨性，采用 200 ~ 250℃低温回火，得到回火马氏体及细颗粒碳化物，见图 3-121；9Cr18MoV 钢采用低温回火，获得组织为回火马氏体 + 颗粒状碳化物 + 残留奥氏体，见图 3-122。

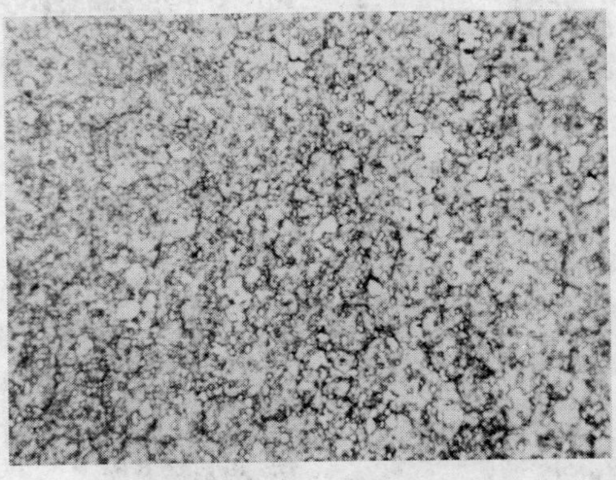

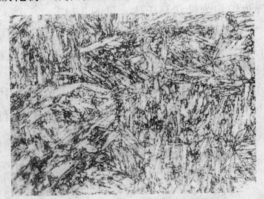

图 3-119   9Cr18MoV 钢 1050℃油淬组织(500×)
（侵蚀剂：苦味酸盐酸酒精）

图 3-120   2Cr13 钢正常调质组织（500×）
（侵蚀剂：三氯化铁盐酸水溶液）

　　C   奥氏体不锈钢

　　此类钢中一般含铬 16% ~ 25%，含镍 7% ~ 20%，经所有的热处理后，均得到奥氏体组织，故称为奥氏体不锈钢，如图 3-123 所示。

　　奥氏体不锈钢具有良好的高低温塑性、韧性和耐腐蚀性能，所以使用极为广泛。它的缺点是晶界腐蚀和应力腐蚀的倾向大，切削加工性能差。

　　常见的不锈钢有 304、316。前者也称 18-8 不锈钢，典型成分为 18% Cr-8% Ni，牌号

图 3-121　3Cr13 钢淬火回火组织（500×）

（侵蚀剂：三氯化铁盐酸水溶液）

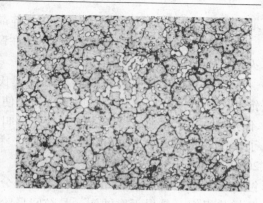

图 3-122　9Cr18MoV 钢 1060℃淬油
160℃回火组织（500×）

（侵蚀剂：氯化高铁盐酸水溶液）

有 0Cr18Ni9、2Cr18Ni9、1Cr18Ni9、1Cr18Ni9Ti；316 不锈钢在 304 不锈钢的基础上适当提高镍的含量，再增加铝元素的含量以提高抗点蚀能力。为提高合金的耐晶界腐蚀性能通过降低合金中的含碳量，可得到超低碳不锈钢，如 304L、316L 等。

18-8 型不锈钢的处理工艺有：

（1）消除应力处理：消除应力处理分为高温（通常与稳定化处理一起进行）和低温（消除冷加工和焊接内应力）两种。低温除应力处理是为了消除冷加工和焊接引起的内应力，处理温度范围为 300～350℃，不应超过 450℃，以免析出 $Cr_{23}C_6$ 碳化物造成基体贫铬，引起晶界腐蚀。高温除应力处理一般在 800℃以上，对于不含稳定碳化物元素的 18-8 型不锈钢，加热后应快速冷却，以快速通过析出碳化物的温度区间，防止晶界腐蚀；对于含有稳定碳化物元素的钢，这一处理常与稳定化处理一起进行。

（2）固溶处理：固溶处理就是将钢加热至高温，使碳化物得到充分的溶解，然后迅速冷却，得到单一的奥氏体组织的一种热处理方式。因此通过将奥氏体不锈钢加热到 1050～1100℃，使钢中的碳化物、δ 铁素体被充分溶于奥氏体中，经水中冷却，得到含有饱和碳的单一奥氏体组织，如图 3-124 所示。注意：固溶处理温度过低将不能使碳化物迅速充分

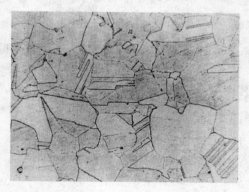

图 3-123　1Cr18Ni9Ti 组织（100×）

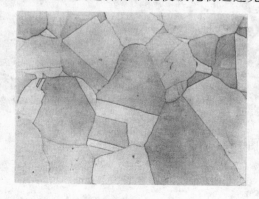

图 3-124　1Cr18Ni9Ti 钢固溶处理组织（500×）

（侵蚀剂：硝酸、盐酸、苦味酸、重铬酸钾酒精混合液）

地溶于奥氏体中；温度过高则导致奥氏体晶粒的长大。

不锈钢经固溶处理后硬度最低，塑性韧性最好，因此这种热处理和一般结构钢通过淬火回火强化有本质上的不同。

（3）敏化处理：经过固溶处理的奥氏体不锈钢，再在 500～850℃ 加热，铬将从过饱和的固溶体中以碳化物的形式析出，使碳化物周围区域形成贫铬区，从而造成奥氏体不锈钢的晶界腐蚀敏感性，这样的处理叫敏化处理，这种状态叫敏化。主要的目的是为了评价奥氏体不锈钢的晶间腐蚀倾向，标准参照 GB/T 4334—1990 和 GB/T 4334.1—2000《不锈钢 10% 草酸侵蚀试验方法》。根据 GB/T 4334.1—2000《不锈钢 10% 草酸侵蚀试验方法》标准侵蚀结果按晶界形态分为 1～5 类，按凹坑形态分为 6～7 类：1 类为阶梯状组织，晶界无腐蚀沟，晶粒间呈阶梯状；2 类为混合组织，晶界有腐蚀沟，但没有一个晶粒被腐蚀沟包围；3 类为沟状组织，个别或全部晶粒被腐蚀沟所包围；4 类和5 类是针对铸件或焊接件进行评定。凹坑形态：6 类为浅凹坑多，深凹坑较少的组织；7 类为浅凹坑较少，深凹坑较多的组织。在图 3-125 中，0Cr18Ni12Mo3Ti 钢敏化处理后组织为黑色连续腐蚀沟，属于 3 类；凹坑形态：深凹坑多，浅凹坑少，属于 7 类。

（4）稳定化处理：1Cr18Ni9Ti 不锈钢需进行稳定化处理。钛和铌与碳的亲和力比铬大，把它们加入不锈钢中，碳优先与它们结合形成 TiC、NbC，从而使钢中的碳不再与铬生成 $Cr_{23}C_6$，也就不再引起晶界贫铬，起到抑制晶界腐蚀的作用。但由于钢中铬的含量比钛、铌的含量多，且钛、铌的扩散速度很慢，因此一般固溶处理后总要生成一部分 $Cr_{23}C_6$。为此，需将 1Cr18Ni9Ti 加热至 850～900℃ 进行稳定化处理。固溶处理后的组织见图3-126。在此温度范围内，$Cr_{23}C_6$ 将溶解，而 TiC、NbC 仍然稳定，从而使钢中不再含有 $Cr_{23}C_6$，由此提高合金的抗晶界腐蚀能力。

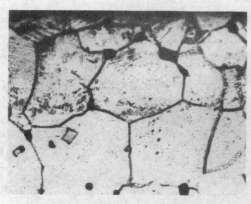

铁素体与奥氏体相界上黑色的 σ 相

图 3-125　0Cr18Ni12Mo3Ti 钢固溶处理后
650℃ 敏化处理 2h 组织（500×）
（侵蚀剂：10% 草酸水溶液电解侵蚀）

图 3-126　1Cr18Ni9Ti 钢固溶处理后
稳定化处理后组织（100×）
（侵蚀剂：王水-甘油）

D　双相不锈钢

在 18-8 型不锈钢基础上，提高含铬量或加入其他铁素体形成元素，当不锈钢中 δ 铁素体含量很高或接近奥氏体含量时，称为奥氏体-铁素体不锈钢。由于双相不锈钢中同时存在 γ 和 δ 两相，因此它与单纯的奥氏体不锈钢或铁素体不锈钢相比，在组织和性能上具有更大的特点。

双相不锈钢的晶间腐蚀倾向比奥氏体小，这是由于此类钢在敏化温度范围（500～750℃）加热，$Cr_{23}C_6$ 未在奥氏体晶界析出，而先在 δ 铁素体内析出，晶界不至于造成严重的贫铬现象。双相不锈钢的抗应力腐蚀能力也高于奥氏体。由于两相都有足够的合金化，在许多介质中能达到钝化状态，故有较好的耐蚀性能。

双相钢比铁素体钢韧性好，比奥氏体钢的强度高，但塑性及冷变形性较奥氏体钢差，轧制后其组织沿轧制方向呈带状分布，使力学性能有较大的各向异性。

双相钢典型钢种有 0Cr21Ni6Mo2Ti、00Cr25Ni5Mn 等。这类钢一般在固溶处理（950～1000℃）状态使用。其金相组织是：在 δ 铁素体基体上分布有小岛状的奥氏体，δ 铁素体的数量约占 50%～70%，见图 3-127。

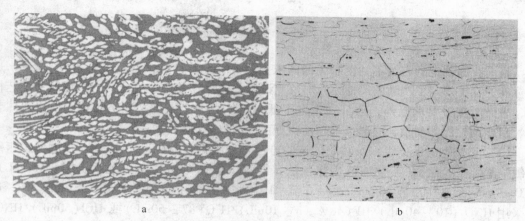

图 3-127 双相不锈钢固溶处理后的组织（500×）
a—00Cr25Ni5Mo2N 钢，侵蚀剂：10% 草酸水溶液电解侵蚀；b—0Cr25Ni6Mo3CuN 钢，
侵蚀剂：铁氰化钾、氢氧化钾水溶液热蚀

E　沉淀硬化不锈钢

主要利用马氏体转变强化和碳化物、金属间化合物的沉淀硬化作用来获得高的强度。从基体组织看有三种类型：马氏体型、半奥氏体型、奥氏体型。主要牌号有：17-7PH、17-4PH（0Cr17Ni4Cu4Nb）、PH15-7Mo 等。"PH" 英语中 "沉淀硬化" 的意思。17-4PH 组织见图 3-128。

沉淀硬化不锈钢的处理工艺有固溶处理、调整处理、时效处理三个过程。

（1）固溶处理：加热 950～1000℃ 1h 空冷。获得奥氏体及少量 δ 铁素体，铁素体为条状，这种组织保证钢具有良好的冷变形能力。

（2）调整处理：在固溶处理后，为了获得一定数量的马氏体使钢强化，必须进行调整处理，经常采用的方法有中间时效法、高温调整及深冷处理、冷变形法。

（3）时效处理：不论经过何种调整处理后，均需进行时效处理，它是使钢强化的途径。时效温度一般在 400～500℃，见图 3-129。

图 3-128　17-4PH 组织（500×）

图 3-129　17-4PH 钢 1040℃固溶，
480℃时效组织（500×）
（侵蚀剂：苦味酸、盐酸酒精溶液）

3.7.2.4　不锈钢金相检验标准

目前我国制定的有关不锈钢制品的国家强制性、推荐性标准和行业标准约 40 个，这些标准中除了规定了产品的尺寸、外形及允许偏差，牌号及化学成分，力学性能，工艺性能，表面质量等要求以外，还分别规定了低倍组织、非金属夹杂物、晶粒度、铁素体含量、耐腐蚀性能等要求，应通过金相检验等手段予以确定。

（1）不锈钢的低倍组织及缺陷的试验方法可以根据 GB/T 226—1991《钢的低倍组织及缺陷酸蚀试验法》。侵蚀一般用热蚀法，即将试样在 60~80℃ 的比例为 HCl（50mL）/H_2O（50mL）溶液中浸泡 30min，然后在流水中用刷子洗刷干净表面的腐蚀产物。此外，还可采用 HNO_3（10~40mL）/HF（48%，3~10mL）/H_2O（87~50mL）或 HCl（50mL）/HNO_3（25mL）/H_2O（25mL）热蚀。

（2）低倍组织的评定可参照 GB/T 1979—2001 标准进行。GB/T 1220—1992《不锈钢棒》标准中规定，钢棒的横截面酸侵低倍或断口试样上不得有肉眼可见的缩孔、气泡、裂纹、夹杂、翻皮及白点。对较高级钢棒，其一般疏松、中心疏松、偏析均不得超过 2 级；对普通钢棒，其上述级别均不得超过 3 级。

（3）固溶处理后的组织可以参照 GB 4234—1994 进行。GB 4234—1994《外科植入物用不锈钢》标准中则还规定了经固溶处理的钢材在 100 倍的金相显微镜下检验，应无游离铁素体存在，并同时规定钢材中的 A、B、C、D 四类夹杂物的细系级别不超过 1.5 级，粗系级别不超过 1.0 级。如需方要求，经固溶处理的钢材的晶粒度级别不小于 5 级。

（4）不锈钢的非金属夹杂物的评级按照 GB/T 10561—1989《钢中非金属夹杂物显微评定方法》。

（5）奥氏体钢的晶粒度检验按照 YB/T 5148—1993《金属平均晶粒度测定方法》中孪晶晶粒度评级图进行评级。

3.7.3　耐热钢

耐热钢的使用温度范围为 400~650℃，温度较高。耐热钢主要应用于动力机械、石油、化工、航空工业等领域，如用于制造锅炉、汽轮机、燃气轮机、航空发动机等。耐热钢是通过向钢中加入铬、镍、钼、硅、铌、钨、钒、钛等合金元素来提高其热强性和抗氧化性能，以满足使用要求。

耐热钢的工作温度较高，在使用过程中会发生钢内部的显微组织的变化，如碳化物的析出、聚集和球化与新相的析出。因此耐热钢的金相检验内容包括一般的原始态金相组织检验和高温长期使用后的显微组织的变化。这类钢在长期高温条件下运行会发生一些组织变化：

（1）石墨化，即钢中的渗碳体会发生 $Fe_3C \rightarrow$ 石墨 + 铁素体的变化。破坏了基体连续性，使冲击韧性显著下降，造成极大破坏。碳钢、钼钢长期高温运行易出现石墨化。耐热钢中的 Al、Si 元素促使石墨化，Cr、Ti、V、Nb 等元素能减轻、阻止石墨化倾向。

（2）珠光体球化、碳化物聚集。长期高温运行使珠光体由片层状→球状→小球变大球，使钢的强度、硬度降低，也降低钢的蠕变强度。

（3）合金元素的再分。长期高温运行使固溶体内的合金元素转变成碳化物，降低了固溶强化效果，使固溶体软化，降低钢的强度和蠕变强度。

为提高耐热钢的热强性、组织稳定性、抗氧化性，一般在钢中加入铬、镍、钼、硅、铌、钨、钒、钛等合金元素。根据合金元素含量的不同，耐热钢可以分为铁素体耐热钢、珠光体耐热钢、马氏体耐热钢和奥氏体耐热钢。

3.7.3.1 铁素体耐热钢

该类钢中的主要合金元素铬的质量分数范围为 12% ~ 28%，再加少量的铝、钛、硅等元素。这类钢冷却后得到单相的铁素体组织，具有高的抗氧化性能，主要用作抗氧化钢种，用作燃烧室、喷嘴和炉用部件。主要牌号有：1Cr13Al、1Cr17、2Cr25N 等。

3.7.3.2 珠光体铁素体耐热钢

工作温度为：350 ~ 670℃。这类钢的合金元素含量的质量分数不超过 5% ~ 7%，钢的元素组成有 Cr-Mo、Cr-Mo-V、Cr-Mo-W-V 等，属于低合金钢。当钢中含有的 Cr、Mo、W 等元素溶于铁素体中时，能提高基体的蠕变强度；当含有强烈的碳化物形成元素 V、Ti 时能使钢在淬火及高温回火时析出 VC、TiC 等碳化物而起到沉淀硬化作用。典型牌号有：15CrMo、1Cr5Mo、12Cr1MoV、17CrMo1V、12Cr2MoWVB 等。典型热处理工艺为：正火+高温回火，热处理后组织为铁素体 + 珠光体或贝氏体，如图 3-130、图 3-131 所示。它们被广泛应用于锅炉管（过热器管、主蒸汽管）、汽包和汽轮机的紧固件、主轴、叶轮、转子等零件。

12Cr1MoV 钢的热处理工艺为 980℃正火后再经 740℃高温回火，其组织为铁素体、细珠光体及少量回火贝氏体，常用于锅炉的过热器管和主蒸汽管。当正火的冷却速度增加时，组织中的贝氏体数量也随着增加，从而

图 3-130　15CrMo 钢910℃正火，
680℃回火组织（500 ×）

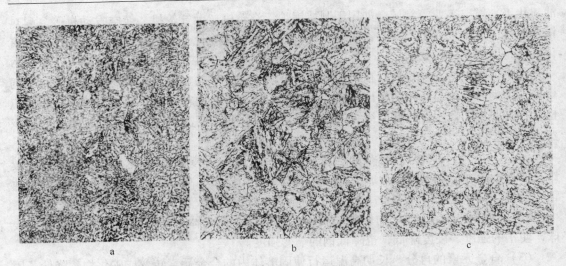

图 3-131　1Cr5Mo 钢 910℃ 正火正常组织（500×）

a—860℃正火温度过低组织；b—910℃正火正常组织；c—960℃正火过热组织

提高了合金的持久强度。在高温、高压蒸汽条件下长期工作后，其金相组织将发生变化，珠光体分解，片状渗碳体变成球状、长大和聚集，铁素体晶内和晶界上碳化物萌生、长大、数量增多。同时晶界上以碳化物为核心的蠕变空洞开始形成。这种变化将严重影响钢的热强性和冲击强度，因此管道在长期运行后，应进行安全评估，如发现管道老化应及时更换，避免爆炸事故的发生。

17CrMoV 钢用于制造汽轮机焊接转子和紧固件，一般在调质状态下使用，即经 960℃ 油淬后得到粒状贝氏体组织（铁素体＋M-A 岛状组织的混合物），再经 720℃ 回火后得到的组织为铁素体基体上分布着许多细小的碳化物。如淬火冷却速度较慢，则会出现先共析铁素体和在晶界上分布的碳化物，降低钢的强度和韧性。

3.7.3.3　马氏体耐热钢

这类钢是从含铬量12%的不锈钢基础上发展起来的，淬透性好，从高温奥氏体状态空冷可得到马氏体组织。为提高其耐高温性能常添加 W、Mo 等元素，为防止其与碳形成碳化物富集，添加 V、Nb 等强碳化物形成元素。常见牌号有：1Cr13、1Cr11MoV、1Cr12WMoV、4Cr9Si2、4Cr10Si2Mo 等，常用于汽轮机的动静叶片，内燃机的进、排气阀。典型热处理为淬火（得到马氏体组织）＋高温回火（得到回火索氏体）。

1Cr11MoV 可用作550℃下工作的汽轮机叶片；经热轧后缓冷的显微组织为富铬的铁素体＋碳化物，铁素体沿轧制方向分布；经1050℃油冷得到针状马氏体＋少量未溶铁素体＋少量残留奥氏体；710℃回火后其显微组织为回火索氏体＋δ铁素体，回火索氏体仍保留了板条马氏体的位向。

1Cr12WMoV 可用作560℃下工作的汽轮机叶片。经1050℃油冷＋700℃回火的调质处理后，其显微组织为回火索氏体＋δ铁素体。索氏体中的细小碳化物与δ边界成一定角度方向分布。经高温长期时效后，δ铁素体中析出碳化物质点，明显降低钢的塑性和韧性。

2Cr12NiMoWV 钢含有较多的奥氏体化元素，故淬火后可以得到完全的马氏体组织，没有或很少有 δ 铁素体，一般规定 δ 铁素体的含量不超过 5%。经 1040℃ 油冷 + 680℃ 回火的调质处理后，其显微组织为回火索氏体，并保留了板条马氏体的位向。

4Cr10Si2Mo 钢是使用广泛的气阀钢，钢中含有较多的铬、硅等元素，所以抗氧化和耐燃气腐蚀性能良好；该钢的退火组织为铁素体均匀分布的细颗粒碳化物，若含碳量等较高时会出现网状碳化物。淬火加热温度为 1020℃ 油冷得到马氏体 + 少量粒状碳化物，700℃ 回火后其显微组织为回火索氏体。如淬火温度过高，则会使晶粒粗大而降低材料的性能。

3.7.3.4　奥氏体耐热钢

奥氏体耐热钢的常温组织为奥氏体，耐热温度为 600℃ 以上。这类钢中含有大量的奥氏体稳定化元素如镍、锰、氮等，以及铬、钨、钼等合金元素，所以可以在室温得到稳定的奥氏体组织，并具有良好的抗氧化性和耐腐蚀性能，特别是奥氏体钢具有良好的热强性和热稳定性。常见牌号有：0Cr19Ni9、1Cr18Ni9Ti、5Cr21Mn8Ni4N、2Cr25Ni20 等，常用于高温炉中的部件、高强重载负排气阀等。典型热处理为固溶处理 + 时效处理，组织为奥氏体，与奥氏体不锈钢类似。

4Cr14Ni14W2Mo 是奥氏体型气阀钢，室温组织为奥氏体，导热性较差，进行热加工时应缓慢均匀加热，防止产生裂纹。其热处理常采用固溶处理 + 时效处理，经 1150 ~ 1175℃ 固溶处理后空冷，再在 750 ~ 780℃ 时效 3h，其显微组织为奥氏体 + 碳化物。有时碳化物沿晶界分布，会降低钢的性能。

3.8　渗层的组织观察与检验

将金属或合金工件置于一定温度的活性介质中保温，使一种或几种元素渗入它的表层，以改变其化学成分、组织和性能的热处理工艺称为化学热处理。包括渗碳、渗氮、碳氮共渗、渗硼、渗金属等。这些工艺都是使零件的表面一定深度内的组织与结构有所改变。由于机械零件的失效和破坏大多数都萌发在表面层，特别在可能引起磨损、疲劳、金属腐蚀、氧化等条件下工作的零件，表面层的性能尤为重要。经化学热处理后的钢件，心部为原始成分的钢，表层则是渗入了合金元素的材料。心部与表层之间是紧密的晶体型结合，可以大幅提高零件的耐磨性、疲劳强度和抗蚀性与抗高温氧化性。本章节将主要介绍钢的渗碳、碳氮共渗、渗氮、渗硼后的组织与检验。

3.8.1　钢的渗碳层

3.8.1.1　渗碳后缓冷状态的组织

渗碳钢的含碳量一般小于 0.77%，属于低碳亚共析钢。低碳钢渗碳后表层含碳量较高，一般在 0.8% ~ 1.0% 相当于过共析钢。在缓冷条件下，从工件表面到内部，碳元素的浓度逐步减少。渗碳缓冷的组织由三部分组成（见图 3-132）：第一层为过共析层，组织为片状珠光体及网状渗碳体；第二层为共析层，组织为片状珠光体；第三层为亚共析层，组织为片状珠光体及铁素体，铁素体数量愈来愈多至心部。缓冷条件下，最外层的碳浓度较高，出现网状、半网状或者颗粒状渗碳体属于正常现象。但淬火后网状、半网状渗碳体应被消除掉，若继续存在将使零件表面脆性增加，对应用不利。

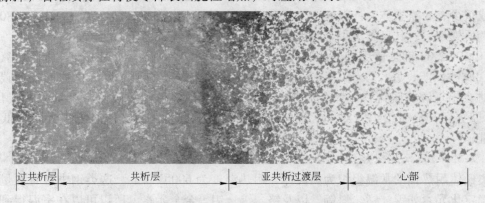

过共析层　　　　　　共析层　　　　　　亚共析过渡层　　　　　　心部

图 3-132　20CrMnTi 钢渗碳后缓冷平衡组织（100×）

3.8.1.2　渗碳后的热处理

A　渗碳后直接淬火

由于渗碳工艺的温度较高（达到 930℃），在这个温度下直接淬火得到的马氏体针粗大，同时存在较多的残留奥氏体，见图 3-133。虽然沿晶界析出的网状碳化物较少，但淬火应力太大，容易产生裂纹。因此渗碳后一般将温度降至 860～880℃进行淬火以减少淬火应力，但碳化物析出明显，马氏体组织仍较为粗大。因此，渗碳后采用直接淬火工艺的材料一般为本质细晶粒钢或者合金渗碳钢，并注意渗碳时表面的碳浓度不要太高。

B　渗碳后一次淬火和低温回火

渗碳后缓冷的工件可以采用一次淬火 + 低温回火的热处理工艺。加热温度一般为840～860℃，保温后淬火，随后进行低温回火。这时在碳浓度最高的表层组织是：细针状马氏体 + 少量的残留奥氏体 + 少量的颗粒状碳化物，见图 3-134。当一次淬火后表层无网状碳化物组织，次表层组织中马氏体针叶属于中等长度，心部组织是低碳马氏体时属于合格热处理工艺。因此，应当严格控制一次淬火工艺中的加热温度。

图 3-133　20CrMnTi 钢渗碳后
直接淬火后的组织（500×）

图 3-134　20CrMnTi 钢 920℃渗碳后
860℃淬火后的组织（400×）

C 渗碳后二次淬火 + 低温回火

一次淬火后，若工件表层组织中存在网状渗碳体时，可采用二次淬火的热处理方式来消除网状碳化物及细化表层组织。渗碳后表层碳浓度偏高，容易出现网状碳化物组织，一次淬火对消除这种网状组织效果不大。同时由于一次淬火一般温度偏高，组织粗大。而第二次淬火选择加热温度一般为 780~800℃左右，低于一次淬火的温度。在此温度下保温使得奥氏体充分溶解碳化物后，用油淬可得到较细小的针状马氏体 + 少量残留奥氏体 + 少量颗粒状碳化物的组织，大大提高了表层的硬度和耐磨性。图 3-135 所示为 20Cr 钢二次淬火后的组织。

3.8.1.3 渗碳层深度的测定

渗碳后表层渗碳层深度的测定方法有：断口法、金相法、显微硬度法和剥层化学分析法。

A 断口法

此方法是在进行渗碳处理时，随炉放置一开环形缺口的圆试棒，工件出炉直接淬火，然后打断。用肉眼可观察到渗碳层呈白色瓷状细晶粒的断口，见图 3-136。用读数显微镜测量渗碳层深度。此方法测量渗碳层深度快速简洁，但误差较大。

图 3-135 20Cr 钢二次淬火后的组织(400×)

图 3-136 20CrMnTi 钢 930℃渗碳，880℃淬火回火后的断口(10×)

B 金相法

金相法是实验室以及生产中常用的检测渗碳层深度的方法之一。试样一般在缓冷退火状态下进行检测，主要有四种不同方式确定渗碳层深度：

（1）从试样表面测到过渡层之后为渗碳层深度，即过共析层 + 共析层 + 过渡层。并且规定过共析层 + 共析层之和不得小于总渗碳层深度的 40%~70%，保证渗碳层过渡不能太陡，有一定的坡度。

（2）把过共析层 + 共析层 + 1/2 过渡层之和作为渗碳层深度。此方法和断口法测定渗碳层深度的结果相近。

（3）从渗碳层表面测量到体积分数为 50% 珠光体处作为渗碳层总深度。这种方法在实际操作中，对判定 50% 珠光体界限误差较大。

（4）等温淬火法。如 18Cr2Ni4W 属马氏体钢，没有平衡组织，难于直接检测其渗碳层深度。对于此钢种可以在 850℃ 加热，然后在 280℃ 等温数分钟后水冷，观察其金相组织，见图 3-137。渗碳后，表层含碳量较高，使得 M_s 点下移，在 280℃ 等温时，在含碳量大于 0.3% 的区域形成 M；而近于 0.3% 的区域 M_s 点高，280℃ 等温相当于进行了回火处理，形成回火马氏体，试样侵蚀形成白色区域和黑区的界线。

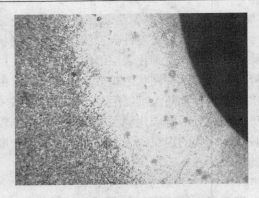

图 3-137　18Cr2Ni4W 钢渗碳后 850℃
加热 280℃ 等温后的组织（400×）

C　显微硬度法

显微硬度法适用于淬火、回火件渗碳层深度的检验。检测时，通过显微硬度计，使用 9.8N 负荷，以试样边缘起测量显微硬度值的分布梯度，见图 3-138。

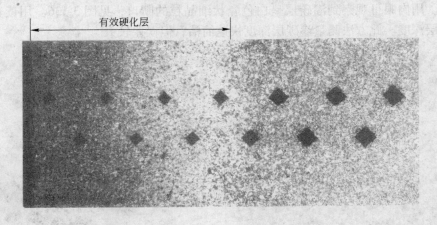

图 3-138　20CrMnTi 钢 910℃ 渗碳 860℃ 淬火回火后的有效硬化层（100×）

有效硬化层深度用 DC 表示：由表面向里测到 550HV 处的垂直距离，见图 3-139。此方法适合于有效硬化层大于 0.3mm 的工件；基体硬度小于 450HV 的工件；基体硬度为有

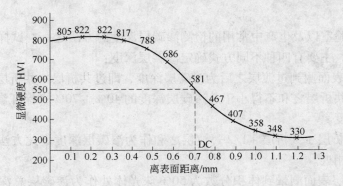

图 3-139　20CrMnTi 钢渗碳淬火回火后的有效硬化层深度

效硬化层 3 倍处，如硬化层为 1mm，基体硬度位置 3mm；当基体硬度大于 450HV 时，需协商后确定有效硬化层深度。有争议时显微硬度法为唯一可采用的仲裁法。

D 剥层化学分析法

取渗碳随炉的棒状试样，按每次进刀量 0.05mm 车削后，分别将切屑用化学分析法测定其碳元素的含量。这种方法对渗碳中的碳浓度分析较准确，但费时费力，常用于调试生产工艺。

3.8.1.4 渗碳层的主要检测内容

以 20CrMnTi 钢汽车渗碳齿轮为例，如图 3-140 所示，渗碳层的检验内容包括：

（1）碳化物的检验：主要在 400× 下观察，以齿角和工作面的金相组织与标准图片进行比较，评定碳化物的数量、形状、大小分布情况等。

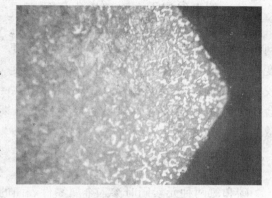

图 3-140 20CrMnTi 钢齿轮渗碳齿顶部位金相组织图（400×）

（2）马氏体的检验：将试样进行浅侵蚀，以明显显示马氏体针的长度；检验时在 400× 下，选取马氏体针最长的部位和标准图片进行比较评定是否合格。

（3）残留奥氏体的检验：和马氏体的检验同时进行，一般残留奥氏体的含量应当小于 30%。

（4）心部铁素体的检验：检查部位一般在齿顶 2/3 处，检验铁素体的数量、形状、大小分布情况等。

3.8.1.5 渗碳件常见缺陷

渗碳过程所造成的缺陷较多，常见的有：

（1）表层贫碳或脱碳。其组织特征是在工件表面有几十微米的贫碳层（白色）。造成这种缺陷的原因是：渗碳后期渗碳剂浓度减少或气体渗碳炉漏气；渗碳后在高温出炉后至冷却坑内的过程中保护不够造成表面氧化脱碳；液体渗碳时，渗碳盐浴中碳酸盐含量过高。表层贫碳或脱碳后使零件表面硬度降低，严重影响零件的耐磨性和疲劳强度。

（2）粗大网状碳化物组织。当表面碳浓度过高，渗碳后热处理工艺不恰当，使在渗碳并淬火、回火后工件表面仍存在着网状或者断续网状分布的碳化物。这种缺陷组织将增加钢的脆性，在磨削加工时容易产生龟裂，在使用过程中极易使表面产生剥落，从而导致工件发生早期失效。

（3）针状二次渗碳体（过共析魏氏组织）。由于渗碳温度高，使奥氏体晶粒急剧长大，表面渗碳层的碳浓度增加，在快冷的条件下，常会使二次渗碳体呈针状分布，属于过共析的过热魏氏组织。过共析魏氏缺陷组织将会使工件表面脆性增大，在使用时容易产生崩落事故。

（4）碳化物聚集。渗碳工件的表面在渗碳淬火后尚存在着大块且呈聚集分布的碳化物，尤其在齿轮顶角处，碳化物分布量更为集中。此种齿轮在传动受力时，很容易发生崩裂损坏事故，因此在生产中必须严格控制。

（5）内氧化。在渗碳炉中氧气排不清，或者工件表面有锈蚀，渗碳处理后工件表面出现沿晶界表面扩展的黑色网络状氧化物，称为内氧化缺陷，如图 3-141 所示。内氧化的存在使晶界附近合金元素贫化，容易在其两侧出现非马氏体组织。

（6）软点组织。在渗碳淬火后的表层组织中存在着托氏体组织。托氏体呈黑色网络状分布在马氏体基体中，使零件的硬度偏低。产生的主要原因是淬火冷却速度较缓造成的。托氏体组织在最表层出现，

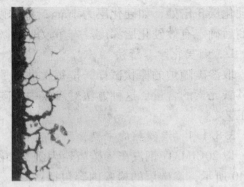

图 3-141　20CrMnTi 钢渗碳后表层
渗碳层内氧化缺陷（400×）

会使工件耐磨性降低，容易造成零件的早期损坏，是渗碳淬火零件中不允许存在的显微组织。

3.8.2　钢的碳氮共渗层

碳和氮两种元素同时渗入金属零件表面的工艺称为碳氮共渗。碳氮共渗工艺使工件表面具有良好的抗咬合性特点。氮元素的渗入可提高工件的耐腐蚀性。碳氮共渗处理温度低于渗碳处理，可直接淬火，零件变形小，故应用范围广泛。碳氮共渗处理的温度范围很宽，在 500~950℃之间均可共渗，根据温度可分为低温、中温、高温三种碳氮共渗方法。500~600℃之间为低温碳氮共渗，以渗氮为主，碳的渗入极微，即软氮化；760~860℃之间为中温碳氮共渗，碳和氮的渗入量均适当，能得到较高的硬度；900~950℃之间为高温碳氮共渗，以渗碳为主，氮的渗入量极微小，称为渗碳处理。

3.8.2.1　碳氮共渗层缓冷后的组织

零件在碳氮共渗后缓冷的组织由表及里分为三层，如图 3-142 所示。第一层为几微米厚的富氮层，即白亮的 ε 相，较厚时或者制样不当易剥落；第二层为共析层，组织为珠光体，并固溶一定的氮；第三层为亚共析的过渡层，组织为片状珠光体＋一定量的铁素体。

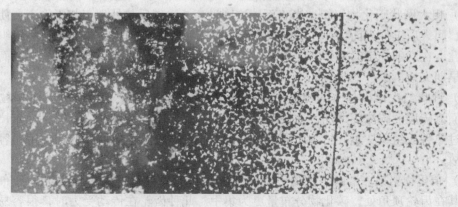

图 3-142　20 钢碳氮共渗后缓冷的组织（100×）

3.8.2.2　碳氮共渗淬火后的组织

碳氮共渗直接淬火后的组织为针状含氮的马氏体，如图 3-143 所示。在确定渗层深度时由表层向内部测至最后一根针处。有时表层存在一定量的碳氮化合物，呈块状、小条状属正常组织。若碳氮浓度太高，会出现大块状碳氮化合物，将影响使用。碳氮共渗淬火后心部组织为板条马氏体或马氏体 + 少量铁素体。

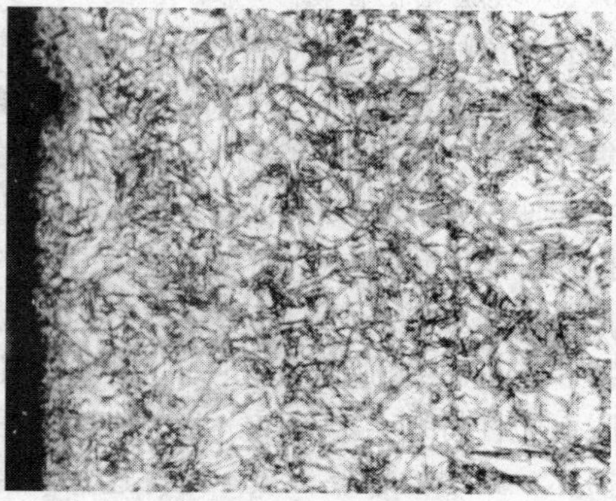

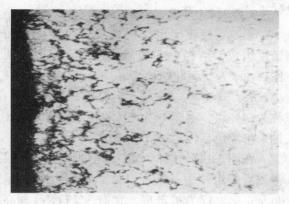

图 3-143　20CrMnTi 钢碳氮共渗后 880℃
直接淬火后的组织（400×）

3.8.2.3　碳氮共渗层深度的测定

和渗碳层的深度检验方法类似，碳氮共渗层深度的测定方法主要有：

（1）金相法：渗层深度为三层之和，由表面一直测到与心部组织明显交界处。

（2）显微硬度法：当渗层深度大于 0.3mm 时，与渗碳件的检验方法相同；当深度小于 0.3mm 时，采用较小的 300g 载荷进行检验。

3.8.2.4　碳氮共渗层缺陷组织

碳氮共渗处理的零件，往往会产生黑色组织和大块碳氮化合物的缺陷组织。

A　黑色组织

碳氮共渗处理的零件最表层，在抛光或侵蚀的情况下，存在着比基体更易侵蚀变黑的组织称为黑色组织缺陷。黑色组织以点、块状的黑相、黑色网络和黑色带三种形式分布。

黑相是指试样在抛光而未经侵蚀时，在显微镜下就可观察到的黑色组织，如图 3-144 所示。在图片的表层中呈现着许多黑色斑点，这些斑点的存在会严重地降低工件表面的硬度，同时也降低了表层的致密度，影响了耐磨性能。

黑色网络和黑色带组织是指，当内氧化的试样经侵蚀后，在孔洞的周围出现的奥氏体的分解产物，即托氏体和索氏体的组织，呈网络状或带状分布，如图 3-145 所示。

图 3-144　碳氮共渗表层中的黑相（500×）

图 3-145　20CrMo 钢碳氮共渗表层中的
黑色网状组织（500×）

B　大块碳氮化合物

碳氮共渗后，由于碳氮浓度过高，往往会出现大量大块碳氮化合物，尤其是在齿轮顶角处出现聚集分布的白色碳氮化合物。大块聚集的碳氮化合物在使用中极易发生崩落，从而导致齿轮的早期损坏。当工件表层出现大片连续分布的白色碳氮化合物，如图 3-146 所示，称之为壳状碳氮化合物。在这种碳氮化合物中间有黑色孔洞存在，因而脆性特别大，稍受一些外来应力很易脱落而损坏，耐磨性很差，故不允许这类碳氮化合物的存在。

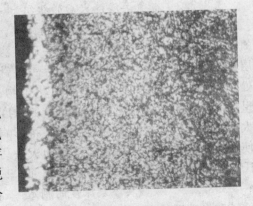

图 3-146　碳氮共渗表层中
壳状碳氮化合物（100×）

3.8.3　钢的渗氮层

渗氮处理按工艺分类可分为气体渗氮、离子渗氮、低温氮碳共渗（软氮化）等。

3.8.3.1　渗氮层中出现的相

按 Fe-N 二元相图，氮固溶于铁中形成间隙式固溶体。随着铁中含氮量的增加形成了各种相：

（1）α 相：含氮的铁素体，室温下 α 溶氮 0.004%，590℃ 时为 0.1%。

（2）γ 相：含氮的奥氏体，是间隙固溶体，最大溶氮量为 2.8%，平衡状态为 α + γ 共析体，快冷为含氮马氏体。

（3）γ′相化合物：以 $Fe_4N(w(N) = 5.9\%)$ 为基的可变成分化合物，室温时 N 的质量分数为 5.7% ~6.1%。

（4）ε 相化合物：成分变化较宽的 Fe-N 化合物，其中 $Fe_{2-3}N$ 的质量分数为 8.1% ~13.1% 之间。Fe_2N 时含氮大于 11.1%，随温度下降 ε 析出 γ′相。

（5）ζ 相化合物：是 ε 相的变体。由于晶格畸变更加厉害，脆性大，是零件表面不允许出现的相。

3.8.3.2　渗氮层组织

渗氮后氮化层由化合物层（白亮层）和氮扩散层组成，两者之和为氮化层深度。按照铁氮相图，由表及里氮化组织为 ε、ε + γ′、γ′、γ′ + α 和 α 五层。其中 ε、ε + γ′、γ′ 层不易侵蚀，呈白色，称为白亮层，制样不当时易脱落。γ′ + α 和 α 层侵蚀后呈黑色，称为扩散层。

在图 3-147 中 38CrMoAl 经过调质后表层气体渗氮后的组织中，第一层为 ε 相（Fe_2N），呈白亮显示；第二层为扩散层，含有 γ′（Fe_4N）和高弥散的氮化物质点（AlN、CrN、MoN 等）；心部组织为回火 S。38CrMoAl 钢在供应状态下为珠光体和铁素

渗氮层

图 3-147　38CrMoAl 钢调质后
渗氮组织（400×）

体，零件在氮化前均经过调质处理。一般在 930~950℃淬火，620~650℃回火，成为均匀的回火索氏体，强韧性很好。只有在这种状态下，氮化后才能获得优良的渗层与心部组织。

离子渗氮是在低真空（＜2000Pa）含氮气氛中，利用工件（作为阴极）和阳极之间产生的辉光放电进行的渗氮工艺。其特点是：（1）渗氮速度快；（2）组织易控制，氮层脆性小；（3）变形小；（4）易保护；（5）节约能源；（6）污染少。离子渗氮后的组织如图 3-148、图 3-149 所示。

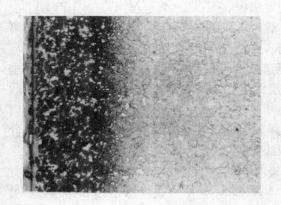

图 3-148　W18Cr4V 离子氮化的组织（500×）

图 3-149　20 钢离子氮化 300℃
回火后的组织（400×）

在图 3-148 中，W18Cr4V 钢在表层渗氮后表层有少量 ε 相化合物（白色），次表层为含氮化合物的扩散层（颜色较暗），与表面有明显界限，心部组织为隐针马氏体＋碳化物＋残留奥氏体组织。在图 3-149 中 20 钢在离子氮化后进行回火处理，在表层会出现黑色针状 γ' 相（Fe_4N）。在确定渗氮层深度时，可以从表面测至最后一根 γ' 针出现的位置为渗氮层深度。

低温氮碳共渗（软氮化）是 Fe-C-N 三元共析温度以下对工件进行碳氮共渗的一种热处理工艺。它以渗氮为主，碳的渗入极微。低温氮碳共渗工艺能显著提高工件的耐磨性、抗咬合性和耐蚀性。

氮碳共渗后的组织为：表层由白色氮化物层和黑色扩散层组成。在白亮化合物层的最表层存在一层黑色点状微孔疏松区，如图3-150 所示，这是氮碳共渗的主要组织特征。少量微孔有利于储存润滑油、提高零件的耐磨性，但大量的疏松孔洞存在将严重影响到零件的性能。在图 3-150 中基体组织为铁素体＋片状珠光体，未经过调质处理。铁素体和片状珠光体不利于氮元素的扩散，故图中未

图 3-150　40Cr 钢 570℃碳氮共渗后
油冷淬火组织（500×）

见到氮的弥散相。

3.8.3.3　渗氮层组织评定和深度测定

渗氮层的主要检验内容有：渗氮层深度、渗氮层脆性、渗氮层疏松和脉状氮化物。在制样时不允许出现过热、倒角和剥落现象，不允许把化合物层磨掉。渗氮前工件原始组织表面不允许出现脱碳，组织为回火索氏体 $S_{回}$ 并控制铁素体数量体积分数小于15%，重要工件铁素体含量小于5%。

A　渗氮层深度的测定方法

渗氮层深度的测定方法有金相法和显微硬度法：

（1）显微硬度法：采用2.94N（0.3kgf）载荷，从试样表面测至50HV处的垂直距离为渗氮层深度。基体硬度要在渗氮层深度距离3倍左右处所测得的硬度值（取3点平均）。对渗氮层硬度变化很平缓的工件（碳钢或者低碳低合金钢），其渗氮层可以沿试样表面垂直方向测至比基体硬度值高30HV处。渗氮层深度用DN表示，单位mm，取小数点后两位。

（2）金相法：放大100×或200×。从试样表面沿垂直方向测至与基体组织有明显分界处即为渗层深度。若有争议，硬度法为仲裁法。

B　渗氮层脆性、渗氮层疏松和脉状氮化物的检验

（1）渗氮层脆性的检验：用维氏硬度计，试验力为98.07N（10kgf），缓慢加载（98s内完成），保荷5~10s后卸载。特殊情况用49.03N（5kgf）、294.21N（30kgf），但需要换算，见表3-12。

表3-12　渗氮层脆性检验级别换算表

试验力 N（kgf）	压痕级别换算				
49.03（5）	1	2	3	4	4
98.07（10）	1	2	3	4	5
294.21（30）	2	3	4	5	5

压痕在100×下进行检验，每件至少测3点，其中两处以上处于相同级别时才能定级，否则重复测定。根据压痕边角碎裂程度分为5级。一般工件1~3级合格，重要工件1~2级合格，如图3-151所示。

（2）渗氮层疏松检验：渗氮层处理后，工件表面允许一定量的疏松孔存在，如图3-152所示。疏松按表面化合物层内微孔的形状、数量、密集程度分为5级。在500×下选取疏松严重部位，和标准图片比较，一般1~3级合格，重要工件1~2级合格。

（3）渗氮扩散层中氮化物检验：渗氮后扩散层出现脉状氮化物的原因是，渗氮前晶粒粗大，或者表层存在脱碳，如图3-153所

图3-151　38CrMoAl 氮化后测渗氮层
（脆性1级（100×））

图 3-152　45 钢调质软氮化观察　　　　图 3-153　38CrMoAl 氮化观察到的
化合物疏松（500×）　　　　　　　　脉状氮化物（500×）

示。脉状氮化物易造成表面渗层脆性增加，易剥落。在检验时根据扩散层脉状氮化物的形状、数量、分布，取组织最差的部位放大 500×，进行检验。对于气体渗氮或离子渗氮件必须进行检验。

3.8.3.4　钢的渗氮层缺陷组织

在渗氮处理后，工件中出现的主要缺陷有未经调质而直接氮化的缺陷和氮化表层的针状、脉状与网状氮化物缺陷两种。如果热轧钢材或锻坯直接进行氮化，未经调质处理往往使零件表层脆性增大。而渗氮处理时出现脱碳层或者渗氮工艺不当，氮气中含水量过高，易造成氮化层表面出现粗大的严重的脉状氮化物，甚至网状的氮化物缺陷，见图 3-153。

3.8.4　钢的渗硼层

将硼元素渗入钢表面的化学热处理称为渗硼。渗硼层的最表面硬度高达 1400～2000HV，使渗硼零件具有较高的耐磨性、耐热性、高温抗氧化性和抗腐蚀性。

3.8.4.1　渗层组织

工件渗硼后的组织由表及里依次分为 FeB-Fe$_2$B-过渡区-基体组织，即由硼化物层、过渡层和基体组织三部分组成。表层 FeB 和 Fe$_2$B 的显微组织呈锯齿或指状插入 α 基体中。锯齿的明显程度取决于钢的成分。一般低碳钢明显，随钢中碳元素和合金元素的增多，锯齿变得平坦，使硼化物与基体的结合强度变弱，见图 3-154。

由于硼化物不溶碳，可将碳元素排入锯齿中间或过渡层面形成 Fe$_3$(BC) 化合物。渗层组织由 FeB 和 Fe$_2$B 双相组成，也可以由 Fe$_2$B 单相组成，呈指状或齿状插入金属基体，齿间或指间为（Fe、M）$_x$C$_y$ 相，见图 3-155 渗硼层中的 Fe$_2$B 和呈羽毛状或针状析出的 Fe$_3$(CB)。用三钾试剂可以区分 FeB 和 Fe$_2$B，一般 FeB 呈棕褐色，Fe$_2$B 被染成浅黄色，基体颜色不变，见图 3-156。

3.8.4.2　渗硼层测定

渗硼层深度要求 0.1～0.2mm，由于硼化物呈锯齿形，JB/T 7709—95 标准在金相法中规定了 3 种测定方法：

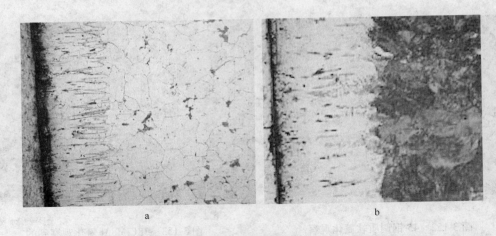

图 3-154　碳钢渗硼后缓冷的组织（400×）

a—20 钢；b—T8 钢

图 3-155　T8 钢渗硼层中 Fe_2B 和
$Fe_3(CB)$（400×）

图 3-156　45 钢渗硼层中 FeB 和
Fe_2B（400×）

（1）用于含碳量小于 0.35% 的材料。由于峰和谷相差大，视场中测 5 个谷的深度取平均值。

$$h = (谷1 + 谷2 + 谷3 + 谷4 + 谷5)/5$$

（2）用于含碳量 0.35% ~0.60% 的材料。渗层为指状，渗层明显。测量时取 5 组峰谷，分别测量峰和谷的深度，两者平均后再用 5 组平均值。

$$h = [(峰1 + 谷1)/2 + \cdots + (峰5 + 谷5)/2]/5$$

（3）用于含碳量大于 0.60% 的材料。渗层略有齿状或波浪状，峰谷不明显。测量时取 5 处较深层的平均值。

$$h = (h_1 + h_2 + h_3 + h_4 + h_5)/5$$

3.8.4.3　渗硼层硬度的测定

按照相应检测标准，试验时试验力为 1.0N，在制备好的试样横截面上选择致密无疏松的位置进行测量。显微硬度范围：FeB 约 1800 ~2300HV；Fe_2B 为 1300 ~1500HV。在不宜破坏的渗硼工件表面测硬度时，表面粗糙度保证 $R_a \leqslant 0.32 \mu m$，HV 范围为 $1200 \sim 2000 HV$。

3.9 钢的奥氏体晶粒度的显示

由 Fe-Fe$_3$C 相图可知，温度在 A_1 以下钢的平衡组织为铁素体和渗碳体，当温度超过 A_1（对共析钢）或 A_3（对亚共析钢）或 A_{cm}（对过共析钢）以上，钢的组织为单相奥氏体组织。奥氏体晶粒大小是评定钢加热时质量的重要标准之一，对钢的冷却转变产物的组织和性能都有十分重要的影响。

钢中奥氏体晶粒度有三种：

（1）奥氏体起始晶粒度：钢在奥氏体转变刚刚完成，其晶粒边界刚刚相互接触时的奥氏体晶粒大小称为奥氏体的起始晶粒度。一般起始晶粒度比较细小、均匀。

（2）奥氏体实际晶粒度：钢材加热到临界点 A_{c3} 以上某一规定温度（930 ± 10℃），并保温一定时间（一般 3h，渗碳则需 6h）后所具有的奥氏体晶粒大小称为奥氏体的实际晶粒度。它表示了钢中奥氏体晶粒在规定温度下的长大倾向，取决于具体的加热温度和保温时间。实际晶粒度总比起始晶粒度大，实际晶粒度对钢热处理后获得的性能有直接的影响。

（3）奥氏体本质晶粒度：本质晶粒度是表示钢在一定的条件下奥氏体晶粒长大的倾向性。凡随着奥氏体化温度升高，奥氏体晶粒迅速长大的称为本质粗晶粒钢。相反，随着奥氏体化温度升高，在 930℃ 以下时，奥氏体晶粒长大速度缓慢的称为本质细晶粒钢。超过930℃，本质细晶粒钢的奥氏体晶粒也可能迅速长大，有时其晶粒尺寸甚至会超过本质粗晶粒钢。钢的本质晶粒度与钢的脱氧方法和化学成分有关，一般用 Al 脱氧的钢为本质细晶粒钢，用 Mn、Si 脱氧的钢为本质粗晶粒钢。含有碳化物形成元素如 Ti、Zr、V、Nb、Mo、W 等元素的钢也属本质细晶粒钢。

3.9.1 影响奥氏体晶粒长大的因素

影响奥氏体晶粒长大的因素主要有：

（1）加热温度和保温时间。加热温度升高，原子扩散速度呈指数关系增大，奥氏体晶粒急剧长大。保温时间延长，奥氏体晶粒长大。

（2）加热速度的影响。加热速度越大，奥氏体转变时的过热度也越大，奥氏体的实际形成温度也越高，起始晶粒度则越细。

（3）含碳量的影响。在一定含碳量范围内，随着碳含量的增加，奥氏体晶粒长大倾向增大，但当含碳量超过某一限度时，奥氏体晶粒反而变得细小。

（4）合金元素的影响。当钢中含有能形成难熔化合物的合金元素，如 Ti、Zr、V、Al、Nb、Ta 等时，会强烈阻止奥氏体晶粒长大，并使奥氏体粗化温度升高。Si、Ni、Cu 等合金元素不形成化合物，影响不大。Mn、F、S、N 等元素溶入奥氏体后，削弱 γ-Fe 原子间的结合力，加速 Fe 原子的自扩散，能够促进奥氏体晶粒长大。

3.9.2 显示奥氏体晶界的方法

3.9.2.1 铁素体钢的奥氏体晶粒度

铁素体钢的奥氏体晶粒度可按下列方法显示。

A　渗碳法

渗碳钢采用渗碳法显示奥氏体晶粒度，见图 3-157。渗碳的试样在（930 ± 10）℃保温 6h，必须保证获得 1mm 以上的渗碳层。渗碳剂必须保证在规定时间内产生过共析层。试样以缓慢速度冷至临界温度以下，足以在渗碳层的过共析区奥氏体晶界上析出渗碳体网。试样冷却后经磨制及腐蚀显示出奥氏体晶粒。腐蚀剂可选用质量分数为 5% 苦味酸乙醇溶液，或碱性苦味酸沸腾溶液（2g 苦味酸、25g 氢氧化钠、100mL 水）。

图 3-157　20CrMnTi 钢 930℃
渗碳缓冷后的晶粒（500 ×）

B　网状铁素体法

适用于含碳的质量分数在 0.25% ～ 0.60% 的碳钢，以及含碳的质量分数在 0.25% ～ 0.50% 的合金钢，见图 3-158；如没有特别规定，一般含碳量小于或等于 0.35% 的试样在（900 ± 10）℃加热；含碳量大于 0.35% 的试样在（860 ± 10）℃加热。保温时间至少 30min，然后空冷或水冷。在此范围内含碳量较高的碳钢和含碳量超过 0.4% 的合金钢需要调整冷却方法，以便在奥氏体晶界上析出清晰的铁素体网。试样经磨制并用质量分数为 5% 苦味酸乙醇溶液腐蚀后显示原奥氏体晶界分布的铁素体网。

C　氧化法

适用于含碳的质量分数在 0.35% ～ 0.60% 的碳钢和合金钢。将试样检验面预抛光，然后将抛光面朝上置于炉中。一般在（860 ± 10）℃下加热 1h 然后淬入水中。根据氧化情况，试样可适当倾斜 10° ～ 15°磨制，显示出氧化物沿奥氏体晶界分布形貌。为显示清晰可用 15% 盐酸乙醇溶液（15% + 85%）腐蚀，如图 3-159 所示。

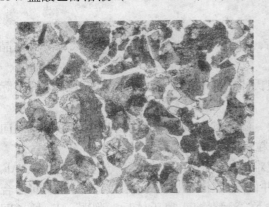

图 3-158　50 钢 860℃正火
组织后的晶粒（500 ×）

图 3-159　45 钢用氧化法
显示晶粒度（500 ×）

D　直接法淬火

对于直接淬火硬化钢，如没有特别规定，含碳的质量分数小于或等于 0.35% 的试样，在（900 ± 10）℃加热；含碳量大于 0.35% 的试样在（860 ± 10）℃下加热，保温 1h 后快速冷却获得马氏体组织，磨制和腐蚀后显示出完全淬硬为马氏体的原奥氏体晶粒形貌，如图3-160所示。为清晰显示晶粒边界，试样可在$550 \pm 10℃$下回火1h。常用的腐蚀剂为饱和苦味酸水溶液加少量环氧乙烷聚合物。

E　网状渗碳体法

对过共析钢可以在$820 \pm 10℃$加热，保温30min，以缓慢速度冷至低于下临界温度，使奥氏体晶界上析出渗碳体网。试样经磨制和侵蚀后，显示出晶界析出渗碳体网的原奥氏体晶粒形貌，如图3-161所示。试样腐蚀可用质量分数5%的苦味酸乙醇溶液。

F　网状托氏体法

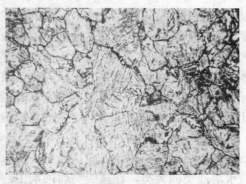

图3-160　40Cr钢淬火后的晶粒度（500×）

对使用其他方法不易显示的共析钢，可选取适当尺寸的棒状试样，进行不完全淬火。即将加热后的试样一端淬入水中冷却，因此存在一个不完全淬硬的小区域。在此区域内原奥氏体晶界上将有少量团状托氏体呈网状，显示出原奥氏体晶粒形貌。此方法可用于共析成分稍高或稍低的某些钢种，如图3-162所示。腐蚀剂亦可用质量分数5%的苦味酸乙醇溶液。

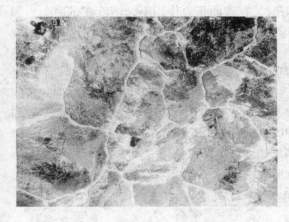

图3-161　T12钢缓冷析出渗碳体网
显示晶粒度（200×）

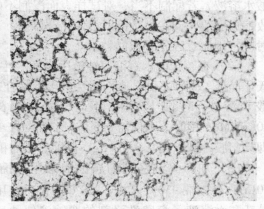

图3-162　T8钢网状托氏体法
显示晶粒度（200×）

3.9.2.2　奥氏体钢的晶粒度

一般奥氏体钢大部分是不锈钢或耐热钢，基本上可采用下列两种方法显示。

（1）化学试剂显示法。用20mL盐酸+20mL水+5g硫酸铜可清晰地显示奥氏体晶粒，或用王水溶液也可显示奥氏体晶粒。

（2）电解腐蚀显示法。用质量分数10%的草酸水溶液电解，阴极用不锈钢，阳极接试样，在室温下采用2V左右电压，时间约1~2min，奥氏体晶粒显示相当清晰。

3.9.3　晶粒边界腐蚀法

对于某些材料使用以上方法难于直接显示其热处理后的晶粒度，如20CrMnTi钢，可以考虑使用晶粒边界腐蚀法来显示其晶粒度的大小。晶粒边界腐蚀法又称直接腐蚀法，主要是采用具有强烈选择性腐蚀倾向的腐蚀剂，在抑制晶内马氏体、贝氏体或其他淬火、回火组织显示的同时，使原始奥氏体晶界变黑而基体组织不腐蚀或腐蚀轻微，从而显现奥氏体晶粒度。此法设备简单，操作方便，结果真实，复现性好，同时它也能根据结构钢的实际使用情况测定不同温度（不一定930℃）和不同时间（不一定3h）下的奥氏体晶粒度。此法的关键在于采用适当的腐蚀剂及掌握正确的腐蚀操作工艺。

3.9.3.1　腐蚀剂

常用显示奥氏体晶界的试剂有：苦味酸乙醚类、苦味酸丙酮类、苦味酸酒精类和苦味酸水溶液类四大类。在这四类腐蚀剂中，加有表面活性剂的苦味酸水溶液配制简单，操作方便，适用范围广，最为常用。如用25mL饱和苦味酸蒸馏水溶液加数滴海鸥洗涤剂和少量新洁尔灭（5%），在60℃左右擦蚀碳钢或低合金钢的淬火或回火试样，可直接显示奥氏体晶界。

3.9.3.2　腐蚀液的正确配制和使用

对于腐蚀液的正确配制和使用应注意以下几点：

（1）腐蚀液配制不当，不但严重影响显示效果（包括试面不清洁，出现腐蚀坑，以致不能显现奥氏体晶粒度），而且有时还会造成假象。如使用加有烷基磺酸钠的饱和苦味酸水溶液，若配制不当，对试样表面浸润不好时，在表面张力作用下，溶液在试面上干涸收缩成一层膜，在显微镜下很像晶粒形态，形成所谓"假晶粒"。因此，使用这种腐蚀液时应特别注意区分"假晶粒"。

（2）在苦味酸水溶液腐蚀液中表面活性剂的加入量要适量，不足或过多均显示不出奥氏体晶界。钢种不同，表面活性剂含量的合适范围也不相同。如用100mL 60℃的饱和苦味酸水溶液，侵蚀12CrNi3钢时，加入洗衣粉量可达0.5～1.6g；侵蚀38CrMoAlA和40CrNiMoA钢时，则仅需0.5～1g；而对于30CrMnSiA、18CrNiWA钢等，当加入0.8g时即易起膜，减少到0.3～0.5g，侵蚀时只需稍加摇动试样即可清晰显示奥氏体晶界。

（3）加海鸥洗涤剂的腐蚀液采用蒸馏水溶液比水溶液效果好。如图3-163所示，20CrMnTi钢在930℃淬火，270℃回火后使用苦味酸水溶液＋海鸥洗涤剂的腐蚀液侵蚀后可以清晰显示其晶粒度。

（4）在含有表面活性剂的饱和苦味酸水溶液中，再加入适量的新洁尔灭，则不但使腐蚀作用缓和从而使操作易于控制，而且能增加腐蚀剂的显示效果：抑制晶内组织、清洁试面。例如，在25mL饱和苦味酸蒸馏水溶液中加25滴以上海鸥洗涤剂时晶界显现受到抑制，但加入适量（几滴到几十滴）5%新洁尔灭时晶界呈现效果又获改善，且对于含V、B的钢种也能清晰显示其奥氏体晶界。随新洁尔灭加入量的增加，腐蚀时间略有延长。

图3-163　20CrMnTi钢淬火回火后的晶粒度

（5.5级（200×））

但加入太多，则试样表面会生成许多小圆蚀坑，如图3-164所示。

（5）除少数腐蚀液配制后需经一段时间的搁置外，一般均希望配后即时使用，不宜久存（B类腐蚀液除外）。对于加洗衣粉的饱和苦味酸水溶液，100mL 可腐蚀 20mm × 20mm × 10mm 的试样约 15 个。随着使用次数增多，溶液逐渐变成棕黑色，直至混浊，沉淀增多而报废。对于加海鸥洗涤剂的腐蚀液，100mL 可腐蚀上述试样约 10 个，溶液于使用中逐渐变黑绿色，沉淀增多而报废。

3.9.3.3　腐蚀方法及操作

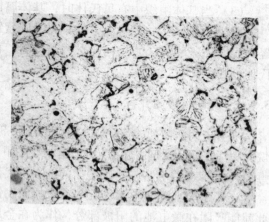

图 3-164　20CrMnTi 钢用苦味酸水溶液 + 海鸥洗涤剂的腐蚀液侵蚀后的小圆蚀坑(500×)

一般采用侵蚀法，也可采用擦拭法腐蚀。当有腐蚀产物附于试样表面时，可使用酒精棉花擦洗或使用 NaOH 水溶液洗涤。之后，试样经清水冲洗，最后滴上酒精吹干。对于经回火的试样或底板较深的试样，一般反复轻微腐蚀二至三次，可使奥氏体晶界更完整清晰。

对于加表面活性剂的苦味酸水溶液类腐蚀液，具体的腐蚀时间可根据钢种而定，表面活性剂的加入量可根据苦味酸浓度、温度及溶液的陈旧程度而定。一般在适当的范围内，表面活性剂加入量越多，溶液浓度越大，温度越高，则腐蚀时间相应缩短。钢中合金元素含量多，则要求腐蚀液的浓度较大，强度较高，时间较长。当合金元素量低，淬透性低，甚至有中间转变产物时，腐蚀温度要相应降低，时间缩短。

腐蚀好的试样表面具有发亮的金属光泽，存在一层极薄的膜。钢中的偏析带（横向试样）或树枝状组织（纵向试样）可清晰显示。淬火回火的试样表面易附着一层不溶于水的浅黑色腐蚀产物，呈灰白色，偏析的树枝状组织仍清晰可见。这种偏析带或树枝状组织可能造成明暗条纹，影响衬度，但不影响晶粒度的评测。

试样上出现蚀坑，其可能的原因为：

（1）有苦味酸结晶沉淀（配制时溶液温度高，苦味酸过饱和）；

（2）金相试样制备不当，有麻点，经腐蚀使之扩大成坑；

（3）洗衣粉未溶解或浓度过大；

（4）新洁尔灭加入量过多；

（5）侵蚀时间过长，沿晶界形成过腐蚀区，呈多边形分布，加入适量新洁尔灭也可改善或缓和溶液的过腐蚀倾向，使之有较宽的时间范围；

（6）溶液陈旧，沉淀物较多。

奥氏体化处理工艺也对奥氏体晶粒度的腐蚀有重大的影响，主要表现为：

（1）奥氏体化温度愈高，晶界显示所需时间愈长。

（2）在保证淬透性的前提下，冷速慢一点有利于晶界的清晰腐蚀，因而若不知该钢种的合适冷速时，可仿照网状屈氏体或网状马氏体法那样，取 30～40mm 长试样一端淬入水中，以获得不同冷速，增加晶粒显示的清晰度。

（3）当基体组织中有贝氏体时，基体腐蚀程度加重，衬度比马氏体组织的差。

（4）含硅、钒、硼等元素的钢以及碳素钢在淬火状态下不易显示奥氏体晶界，这时可经高温回火（550~600℃，1h）并缓冷后，再反复侵蚀，轻抛二至三次，即可清晰显示奥氏体晶粒度。

3.9.4　腐蚀机理简介

加有表面活性剂的苦味酸水溶液的腐蚀剂中,海鸥洗涤剂是一种环氧乙烷合成剂,环氧乙烷为中性表面活性剂。新洁尔灭(溴化烃二甲基代苯甲胺),是医学上常用的一种阳离子型消毒剂,也可使用含合成烷基磺酸盐的洗衣粉代替。烷基苯磺酸钠是一种阴离子型有机缓蚀剂。

当苦味酸水溶液中加入烷基磺酸盐而腐蚀钢样时，由于此表面活性剂是阴离子型，因此就能吸附在微电池的阳极部分，作为在金属和溶液间的一层遮蔽性膜，从而减慢或完全抑制了淬火基体组织的腐蚀，使之在数分钟内也不显现。在晶界处，遮蔽膜的存在起到缓蚀作用，但由于晶界处结构疏松，吸附作用较弱，且自由能又较高，加之表面活性剂大大降低腐蚀液的表面张力，增加其湿润性，所以晶界处腐蚀速度较快。如果晶界上分布有阴极性夹杂物或析出相，则使奥氏体晶界处微电池组增多，腐蚀也就愈强烈。表面活性剂的缓蚀作用和湿润作用，压抑了基体组织的显现，使腐蚀液对晶界具有选择性腐蚀，从而显示了奥氏体晶粒度。而晶界上存在的杂质、析出相或合金元素的偏聚等也是加强此类腐蚀液对晶界选择性腐蚀的重要因素。

环氧乙烷是中性缓蚀剂，可依靠物理吸附力附着在试样表面，其缓蚀作用比烷基苯磺酸钠弱，因而基体组织腐蚀相对较重，但环氧乙烷缓蚀剂易于控制，操作简便。

一般淬火钢的组织为马氏体或贝氏体组织。在试样侵蚀时，试样表面上的马氏体、贝氏体组织为阳极，所以容易被侵蚀。当苦味酸水溶液中加入烷基磺酸盐时，会在水中电离成阴离子，并吸附在马氏体、贝氏体基体上，形成金属和溶液间的一层遮蔽性膜，从而可减慢或完全抑制淬火基体组织的受蚀。晶界处自由能较高，结构疏松，吸附作用较弱，溶液中加入的表面活性剂增加了浸润性，使晶界的受蚀速度加快。当晶界处有析出相时，则更易受蚀，从而使奥氏体晶界显现出来。

3.10　有色金属的组织分析

3.10.1　铝合金

铝及铝合金具有优良的塑性，高的导电性、导热性、抗蚀性能，其铸造性、切削性、加工成型性能也十分优异，特别是通过合金化、热处理、加工硬化等手段可以显著提高铝合金的强韧性，并使它们的比强度和比刚度远远超过一般的合金结构钢，因而它们的应用极为广泛。在工业上常用的铝合金为 Al-Si 系、Al-Cu 系、Al-Mg 系和 Al-Zn 系四大类。

按生产方法可将铝合金分为铸造铝合金和形变铝合金。铸造铝合金根据主要合金元素分为铸造铝硅合金、铸造铝铜合金、铸造铝镁合金、铸造铝锌合金、压铸铝合金等。根据合金化及其热处理特性通常将形变铝合金分为热处理不可强化铝合金［纯铝 L 系列、防锈铝 LF(Al-Mn, Al-Mg)系列］和热处理可强化铝合金［硬铝 LY(Al-Cu-Mg-Mn)系列、锻铝 LD

（Al-Mg-Si-Cu）系列、超硬铝 LC（Al-Zn-Mg-Cu）系列及其他系列（如 Al-Li）]等。下面简单介绍常见的几种铝合金。

3.10.1.1 ZL102

ZL102 属二元铝-硅合金，又名硅铝明，含 $w(Si) = 10\% \sim 13\%$。ZL102 的铸造组织为粗大针状硅晶体和固溶体组成的共晶体，以及少量呈多面体形的初生硅晶体。粗大的硅晶体极脆，严重降低铝合金的塑韧性。为了改善合金的性能，通常进行变质处理，即浇注之前在合金液体中加入占合金重量 2% ~3% 的变质剂。由于这些变质剂能促进硅的生核，并能吸附在硅的表面阻碍硅的生长，而使合金组织大大细化，同时使合金共晶右移，使合金变为亚共晶成分。经变质处理后的组织由 α 固溶体和细密的共晶体（α + Si）组成。由于硅的细化，使合金的强度塑性明显改善。图 3-165 所示为 ZL102 合金的显微组织。

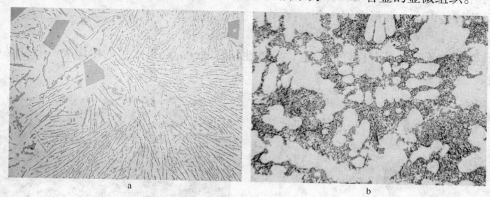

图 3-165 ZL102 合金的显微组织（100 ×）

a—未变质处理；b—变质处理

3.10.1.2 ZL109

ZL109 属共晶型铝合金，成分为 $w(Si) = 11\% \sim 13\%$，$w(Cu) = 0.5\% \sim 1.5\%$，$w(Mg) = 0.8\% \sim 1.3\%$，$w(Ni) = 0.8\% \sim 1.5\%$，$w(Fe) = 0.7\%$，余量为铝。其金相显微组织为 $\alpha(Al) + Si + Mg_2Si + Al_3Ni$ 相组成，如图 3-166 所示。其中 $\alpha(Al)$ 为白色基体，灰色板片为

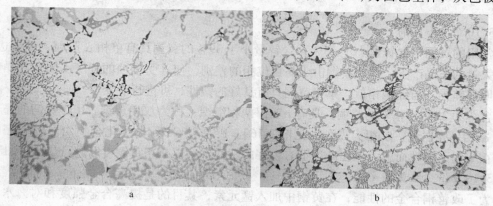

图 3-166 ZL109 合金的显微组织（100 ×）

a—未变质处理；b—变质处理

Si，黑色板块状为 Al_3Ni，黑色骨骼状为 Mg_2Si。该合金加入 Ni 的目的主要是形成耐热相。

3.10.1.3　ZL203

ZL203 属 Al-Cu 系合金，该合金的成分为 $w(Cu) = 4.0\% \sim 5.0\%$，余量为铝。在铸态下它是由 $\alpha(Al)$ 和晶间分布的 $\alpha(Al) + Al_2Cu + N(Al_2Cu_2Fe)$ 相组成，经淬火处理后，Al_2Cu 全部溶入 $\alpha(Al)$，其强度和塑性都比铸态高。ZL203 合金的显微组织见图 3-167。

3.10.2　铜合金

铜及铜合金具有优良的导电、导热性能，足够的强度、弹性和耐磨性，良好的耐腐蚀性能，在电气、石油化工、船舶、建筑、机械等行业中广泛应用。依传统的铜合金分类方法，可分为纯铜（紫铜）、黄铜（铜锌合金）、白铜和青铜四大类；依照加工方法的不同，又可分为铸造铜合金和形变铜合金。

3.10.2.1　纯铜

纯铜又称紫铜，具有良好的导电、导热性和耐蚀性。经退火后的组织为具有孪晶的等轴晶粒，见图 3-168。

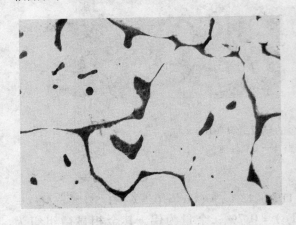 

图 3-167　ZL203 合金的显微组织（400 ×）　　　　图 3-168　纯铜的显微组织（100 ×）

3.10.2.2　黄铜

常用的黄铜中含锌量小于 45%，含锌量小于 39% 的黄铜具有单相 α 晶粒，呈多边形，并有大量的孪晶产生。单相黄铜由于晶粒位相的差别，使其受侵蚀的程度不同，其晶粒颜色有明显差异，与纯铜相似，单相黄铜具有良好的塑性，可进行冷变形。

含锌为 39% ~45% 的黄铜，具有 $\alpha + \beta'$ 两相组织，称为双相黄铜。H62 黄铜的显微组织中 α 相呈亮白色，β' 相为黑色，见图 3-169。B′ 是以 CuZn 电子化合物为基的有序固溶体，在室温下较硬而脆，但在高温下有较好的塑性，所以双相黄铜可以进行热压力加工。

3.10.2.3　锰黄铜

为了改善铜合金的性能，在黄铜中加入锰元素，其目的是提高合金强度和对海水的抗蚀性能，但使韧性有所下降，在其加入锰的同时再加入铁能明显提高黄铜的再结晶温度和细化晶粒，合金元素的加入只改变了组织中的 α 相和 β' 相组成的比例。在显微镜下观察

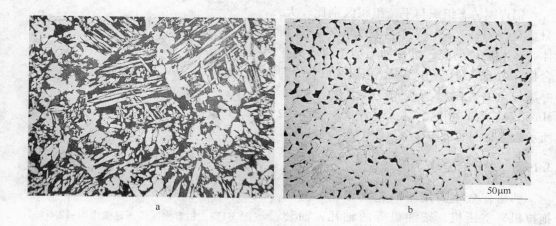

50μm

图 3-169 两相黄铜的显微组织（100×）
a—铸态未变形处理；b—变形后退火处理

时其组织与铸态黄铜相似，不出现新相，见图 3-170。

3.10.2.4 铸造青铜

A 锡青铜

锡青铜是最常用的青铜材料。由于锡原子在铜中的扩散速度极慢，因此实际生产条件下的锡青铜按不平衡相图进行结晶。

含 $w(\mathrm{Sn}) < 6\%$ 的锡青铜，其铸态组织为树枝晶外形的单相固溶体，见图 3-171。这种合金经变形及退火后的组织为具有孪晶的 α 等轴晶粒。含 $w(\mathrm{Sn}) > 6\%$ 时，其铸态组织为 $\alpha + (\alpha + \delta)$ 共析体。δ 相是以 $\mathrm{Cu}_{31}\mathrm{Sn}_8$ 为基体的固溶体，性硬而脆，不能进行变形加工。

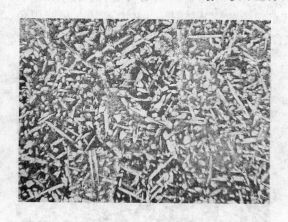

图 3-170 锰黄铜的铸态显微组织（100×）

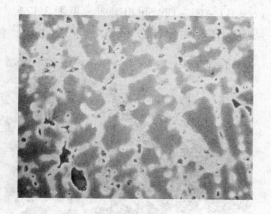

图 3-171 锡青铜的铸态显微组织（100×）

B 铝青铜

铝青铜是以 Cu-Al 为基体的合金，$w(\mathrm{Al}) \leqslant 11\%$，常用的铝青铜的平衡组织有两种：一种是含 $w(\mathrm{Al}) < 9.4\%$ 的，组织为单一的树枝状 α 相，用于压力加工；一种是 $w(\mathrm{Al}) = 9.4\% \sim 11.8\%$ 的，组织为树枝状的 α 固溶体与层片状的 $\alpha + \gamma_2$ 共析体。

铝青铜铸态组织与平衡组织区别比较大，只要 $w(Al) > 7.5\%$ 就可能出现 $\alpha + \gamma_2$ 共析体。γ_2 相质硬而脆，是一种不利于应用的化合物。为了得到 $\alpha + \beta$ 组织，可以采取急冷的办法避免 β 相的分解，或在合金中加入 Ni-Mn 元素扩大 α 相区，减少 β 相区。图 3-172 所示为铝青铜的铸态显微组织。

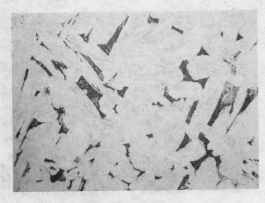

图 3-172　铝青铜的铸态显微组织（200 ×）

3.10.3　轴承合金

轴瓦合金主要用于涡轮内燃机、汽车、拖拉机、空压机、柴油机等的轴瓦、轴套、衬套等。轴瓦合金的金相组织可以分为两大类，一类具有软基体硬质点的金相组织，如锡基和铅基巴氏合金；另一类具有硬基体、软质点的金相组织，如铜铅合金、铝锡合金等。

3.10.3.1　锡基轴承合金

锡基轴承合金是以锡为基础，加入 Sb-Cu 等元素组成的合金，称为巴氏合金，其显微组织为 $\alpha + \beta' + Cu_6Sn_5$ 相组成，见图 3-173。软基体 α 呈黑色，是 Sb 在 Sn 中的固溶体。白色方块为硬质点 β' 相，是以 SnSb 为基的有序固溶体。白色星状或针状物 Cu_6Sn_5 为硬质点。加入铜的目的是为了防止 β' 相上浮减少合金的比重偏析，同时提高了合金的耐磨性。

3.10.3.2　铅基轴承合金

铅基轴承合金是以 Pb、Sb 为基础，加入 Sn、Cu 等元素组成的合金，其显微组织为 $(\alpha + \beta) + \beta' + Cu_2Sb$ 相组成，见图 3-174。其组织中的软基体是 $\alpha + \beta$ 共晶体，呈暗黑色，硬质点 β' 相为化合物 SnSb，呈白色方块，化合物 Cu_2Sb 呈白色针状，也是硬质点。

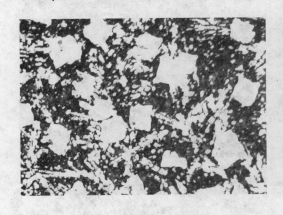

图 3-173　锡基轴承合金的显微组织（100 ×）

图 3-174　铅基轴承合金的显微组织（100 ×）

3.10.3.3　铜基轴承合金

铜基轴承合金为 Cu-Pb 二元系合金，其组织特点为硬基体，软质点，见图 3-175。白

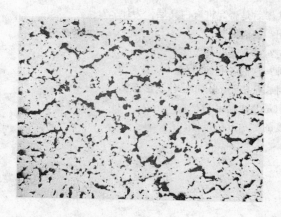

图 3-175　铜基轴承合金的显微组织（100×）

色树枝状为 α 固溶体，树枝间隙中的灰色相为 Pb 质点。一般认为铅点分布越均匀，性能越好。

本章思考题

1. 中碳钢在不同回火温度得到何种组织及组织特点？
2. 常见的热处理缺陷有哪几种？
3. 淬火裂纹的特征及产生的原因？
4. 铁素体和渗碳体如何区别？
5. 马氏体和下贝氏体的组织如何区别？
6. 灰铸铁中 A、B、C、D、E、F 型石墨的特征是什么？
7. 含硼/磷铸铁中，磷共晶呈网状分布的组织是否合格，为什么？
8. 球墨铸铁中的铁素体有几种，球墨铸铁等温淬火组织的金相检验应包括哪些内容？
9. 黑心铁素体可锻铸铁的金相检验应包括哪些内容？
10. 碳化物不均匀程度对碳素工具钢的性能有何影响？碳化物不均匀度如何评定？
11. 碳素工具钢中石墨碳的特征及产生原因是什么？
12. Cr12 型钢碳化物不均匀度对钢的性能有何影响？碳化物不均匀度如何评定？
13. 高速工具钢有哪些种类，高速工具钢回火过热、过烧组织特征是什么？
14. 什么是萘状断口组织，它的造成原因是什么？
15. 弹簧钢的热处理工艺有哪几种？
16. 60Si2Mn 正常退火后、淬火后、淬火加中温回火后的金相组织是什么？
17. 轴承钢的热处理工艺有哪几种？
18. GCr15 球化退火后、淬火后、淬火加低温回火后的金相组织是什么？
19. 什么是不锈钢，按照组织不同分为哪几种？
20. 马氏体不锈钢、铁素体不锈钢、奥氏体不锈钢的组织特点是什么，18-8 钢属于何种？
21. 什么是耐热钢，耐热钢有哪几种？
22. 渗碳层平衡状态下共分为哪几层组织，过共析层出现网状 Fe_3C 是否属合格？
23. 氮化层有哪些相组成？
24. 氮化层深度应包括哪些，其测量方法有哪几种，以何种方法为仲裁法？

25. 高速钢表面低温碳氮共渗后是否允许有白亮层，为什么？
26. 渗硼层中主要是什么相？如何区分？
27. 铸造铝合金共有哪几类？都有哪些相？
28. 铝合金中铁相有哪几种？它们各有何特征？
29. 铅青铜作为轴承材料时，希望铅的分布是什么形态？
30. 铜锌合金的成分、组织是怎样确定的？
31. 铁素体奥氏体钢晶粒度的显示方法是什么？

4 综合训练计划、实验报告要求及评分标准

本综合训练计划采用连续闯关的形式，以充分调动学生的动手、动脑、思考问题解决问题和团队合作能力。主要设置精通铁碳相图训练关、掌握碳钢的热处理关、金相试样的制备关和金相识别关四个主要教学实践环节。

4.1 精通铁碳相图训练

4.1.1 基本要求

在规定时间内完成第一关精通铁碳相图的闯关，具体要求为：

（1）闭卷考试，徒手画出铁碳相图，见图 4-1（可带尺子）。

（2）标明铁碳相图各点、线的名称、温度、成分、各区包含的相。

（3）简图＋文字说明：碳钢的淬火温度范围、正火温度范围、完全退火温度范围、球化退火温度范围。

（4）在铁碳相图上，标出 20、45、T10 钢所在位置，并写出从奥氏体状态的温度到室温的缓慢冷却转变过程，注：必须说明开始、结束转变温度点及转变产物，并用杠杆定律计算出铁素体、珠光体的相对量（必须写出杠杆定律）。

（5）全年级同学不排次序，随时报名参考。

（6）报名方式：递交个人书面申请。申请由个人（不能代交）交到实验室后由实验老师填写收到时间： 年 月 日 时 分。同时报名者次序可并列。

（7）考试用时：30min。

（8）闯关次数限制：3 次/人。

（9）第一次闯关成功者成绩 100 分；第二次闯关成功者成绩 85 分；第三次闯关成功者成绩 70 分。三次闯关均不成功者本次实验周成绩为 0，作弊者本次实验周成绩为 0。代考者，代考人、被代考人成绩都为 0。逾期未过关者，本次实验周成绩为 0，成绩为 0 者，无资格参加实验周的其余部分。

（10）答题全对者，闯关成功，进入下一阶段。也就是说无一处错误者，才算闯关成功。

（11）张榜公布过关者姓名、过关日期。

4.1.2 报告内容

第一关　"精通铁碳相图关"考试卷

班级：　　　　　姓名：　　　　　学号：　　　　　成绩：

考试日期：　　　　　　　　　考试批次：

图 4-1　铁碳相图

4.2　掌握碳钢的热处理原理

4.2.1　基本要求

参加人员资格：第一关通过者。

每组人数：最多 10 人，打破班级界线，采取自愿结合的原则组成合作团队。

提交申请：组队成功后，每组选出组长和副组长，组长将本组成员名单上报指导教师，并领取实验材料 20、45、T10、GCr15、QT、20CrMnTi 钢共计 15 块试样（可随实际情况添加试样），副组长协助组长工作。

内容：

（1）查出每种材料的化学成分、A_{c1} 点和 A_{c3} 点，确定材料正常的淬火加热温度；

（2）淬火加热保温时间的确定原则，回火加热温度、保温时间的确定原则；

（3）绘出每种材料的 C 曲线，确定材料的淬火冷却介质、回火冷却介质及选择原则；

（4）绘制 15 种工艺的热处理工艺图，完成 6 种材料 15 组工艺试验；

（5）获取 15 组工艺相对应的试样的硬度，制备 15 组工艺相对应的金相试样；

（6）观察记录 15 组工艺相对应的金相试样的金相组织，手工画出组织特征图并分析组织；

（7）分析 20、45、T10 材料，12 组工艺的工艺参数：加热时间、工艺温度、冷却介质的选定正确与否，分析执行工艺过程中的操作环节及应注意的事项。

（8）用 C 曲线示意每组工艺的冷却过程，用相图指出加热温度所处的区间，判定每组工艺的合理性与否；

（9）完成实验报告内其他的所有项目（详细内容见实验报告）；

（10）实验报告要求：字迹清晰，条理分明，论述清晰。如果发现有两处以上（包含两处）相同的实验报告，一经查明，相同者的成绩一律为 0，本次实验周的成绩也为 0。逾期未过关者，本次实验周成绩为 0，对违反本决定而受惩者，如有异议，可申请复查；

（11）同组组员之间要紧密合作，互相帮助，充分体现团队精神，以最短的时间，最细致的工作完成实验过程；

（12）一次试验不成功者，可以继续做，直到合格为止。试验次数不限（硬度值可鉴别试验成功与否）；

（13）本关成绩满分：150 分，实验报告上交后的组员，可申请进入第三关。

4.2.2　报告内容

实　验　报　告

实验名称　<u>钢的热处理工艺及组织观察实验（实验周）</u>

班　　级　_____

姓　　名　_____

学　　号　_____

成　　绩　_____

实验日期　_____

1　实验目的

2　实验设备及材料

3　实验方法与步骤

4　试验内容

4.1　查出 20、45、T10、GCr15、QT、20CrMnTi 材料的成分，A_{c1}、A_{c3} 点温度。

4.2　绘出 6 种材料的 C 曲线。

4.3　绘制 15 组工艺的热处理工艺曲线图（20、45、T10 材料工艺见表 4-1），GCr15、QT、20CrMnTi 自定。

4.4　完成 6 种材料 15 组工艺试验。

4.5　获取 15 组工艺相对应的试样的硬度。

4.6　制备 15 组工艺相对应的金相试样。

4.7　填写表 4-1。

表 4-1　材料工艺表

工艺序号	材料	热处理工艺			处理后硬度				组织
		加热温度/℃	冷却介质	回火温度/℃	1	2	3	平均硬度	
1	20	930	水	—					
2	45	930	水	—					
3	45	750	水	—					
4	45	850	炉　冷	—					
5	45	850	正　火	—					
6	45	850	油　冷	—					
7	45	850	水　冷	—					
8	45	850	水　冷	200					
9	45	850	水　冷	400					
10	45	850	水　冷	600					
11	T10	780	油　冷	—					
12	T10	930	油　冷	—					
13									
14									
15									

5　实验结果

5.1　根据试验数据，绘出下列关系曲线，见图 4-2。

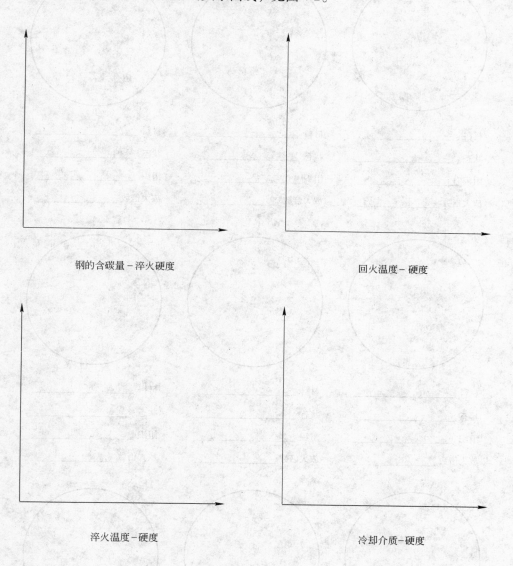

钢的含碳量－淬火硬度　　　　　　　　　　回火温度－硬度

淬火温度－硬度　　　　　　　　　　冷却介质－硬度

图 4-2　关系曲线

5.2　观察并绘出 20 钢、45 钢、T10 钢 12 组工艺经热处理后的组织图，见图 4-3（用箭头和代表符号标明各组织组成物）。

5.3　轴承钢 GCr15 组织观察。要求画出组织图。

5.4　球铁的淬火组织观察。要求画出组织图。

5.5　20GrMnTi 齿轮的渗层组织观察及渗层深度测定（退火后的试样）或渗层组织观察及渗层、心部组织评级（淬火后的试样）。要求画出组织图。

材料 _____

状态 _____

组织 _____

放大倍数 _____

材料 _____

状态 _____

组织 _____

放大倍数 _____

材料 _____

状态 _____

组织 _____

放大倍数 _____

材料 _____

状态 _____

组织 _____

放大倍数 _____

材料 _____

状态 _____

组织 _____

放大倍数 _____

材料 _____

状态 _____

组织 _____

放大倍数 _____

材料 _____

状态 _____

组织 _____

放大倍数 _____

材料 _____

状态 _____

组织 _____

放大倍数 _____

材料 _____

状态 _____

组织 _____

放大倍数 _____

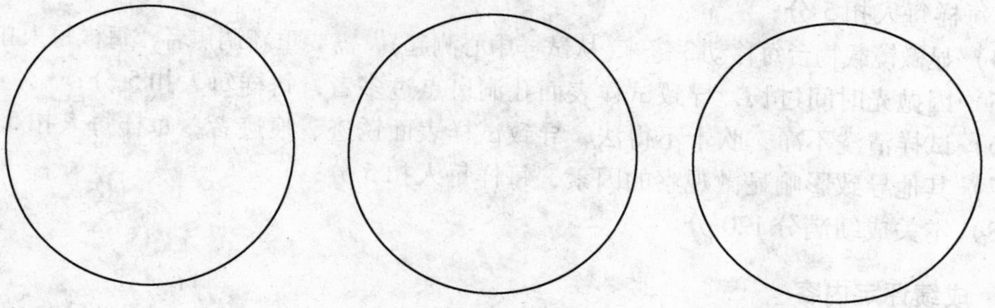

材料 ＿＿＿＿＿＿＿＿＿＿

状态 ＿＿＿＿＿＿＿＿＿＿

组织 ＿＿＿＿＿＿＿＿＿＿

放大倍数 ＿＿＿＿＿＿＿＿

材料 ＿＿＿＿＿＿＿＿＿＿

状态 ＿＿＿＿＿＿＿＿＿＿

组织 ＿＿＿＿＿＿＿＿＿＿

放大倍数 ＿＿＿＿＿＿＿＿

材料 ＿＿＿＿＿＿＿＿＿＿

状态 ＿＿＿＿＿＿＿＿＿＿

组织 ＿＿＿＿＿＿＿＿＿＿

放大倍数 ＿＿＿＿＿＿＿＿

（可加附页）

图 4-3 组织图

6 实验总结

6.1 论述热处理工艺参数的制定原则——材料正常的淬火加热、退火加热、正火加热温度的制定原则。淬火加热保温时间的制定原则。回火加热温度、保温时间的制定原则。材料的淬火冷却介质、回火冷却介质选择原则。

6.2 根据试验数据，分析钢的含碳量，淬火温度，冷却条件及回火温度对碳钢热处理后的组织和性能（硬度）的影响，阐明硬度变化的原因。

6.3 逐个分析 15 组工艺的工艺参数：加热时间、工艺温度、冷却介质的选定正确与否。分析执行工艺过程中的操作环节及应注意的事项。用 C 曲线示意每组工艺的冷却过程；用相图指出加热温度所处的区间。

6.4 分析 T10 钢 780℃ 加热和 930℃ 加热冷却后组织、性能差别，并说明原因。

6.5 分析热处理连续冷却得到的索氏体、托氏体、马氏体组织与回火马氏体、回火托氏体、回火索氏体在形态和性能上的不同。

6.6 写出本次实验周的体会和建议（可加附页）。

4.3 试样制备

4.3.1 基本要求

第三关试样制备关可以与第二关交叉进行。第二关热处理实验完成后，制备金相试样。全部热处理实验工作完成后，由组长将本次试验的试样收集上交到实验室。由实验室老师验收并评定成绩。具体金相试验评定标准为：

（1）试样需用试样袋包装，样品袋标明工艺序号、材料、组织、硬度参数。序号与工艺不对应者，每出现一个，每人扣 10 分。试样不能丢失，每丢失一块试样，本组每人扣 10 分；

（2）组织不清晰，扰乱层未去掉者，每个试样每人扣 5 分；

（3）划痕数量：500× 的放大倍数，测量 3 个视场，任一视场内出现划痕两条及两条以上，每样每人扣5分；

　　（4）显微镜载物台每移动3毫米(从试样中心测起)，需要重新调焦者，每样每人扣5分；

　　（5）因抛光时间过长，导致试样表面孔洞斑点过多者，每样每人扣5分；

　　（6）试样清洗不净，吹干不得法，导致试样表面锈迹、痕迹者，每样每人扣5分；

　　（7）其他导致影响显微观察的因素，每样每人扣5分；

　　（8）本关成绩满分120分。

4.3.2　成绩评定内容

　　成绩评定内容填入表4-2。

表4-2　热处理综合训练第三关成绩

序号	项　目		第　　组实验结果							
1	姓　名									
2	工艺序号									
3	试样袋记录内容与试样的对应									
4	组织清晰度									
5	划痕数量	视场一								
		视场二								
		视场三								
6	试样平整度									
7	试样表面质量（镜检）									
8	试样表面质量（目检）									
9	其　他									
10	总成绩									
11	备　注									

4.4　金相识别训练

　　已完成第二关和第三关的组，可以参加第四关《金相识别训练》的闯关，见图4-4。

4.4.1　基本要求

　　15种试样分别放在15台显微镜上或在显微网络互动教室内完成，试样在显微镜上的次序随时更换。

　　每人必须在30min内完成如下项目，要求：

　　（1）确认组织，标明所给组织内的各相；

　　（2）写出与该组织相对应的热处理工艺；

　　（3）简图示意该工艺的加热温度在相图中的位置，冷却速度在C曲线上的位置；回火者，估计回火温度；

　　（4）判断该工艺正确与否；

　　（5）闯关次数限制：3次/人；

　　（6）第一次闯关成功者成绩100分；第二次闯关成功者成绩85分；第三次闯关成功者成绩70分。三次闯关均不成功者本次实验周成绩为0，作弊者本次实验周成绩为0。代考者，代考人、被代考人成绩都为0。无补考机会。逾期未过关者本次实验周成绩为0。

4.4.2 报告内容

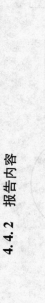

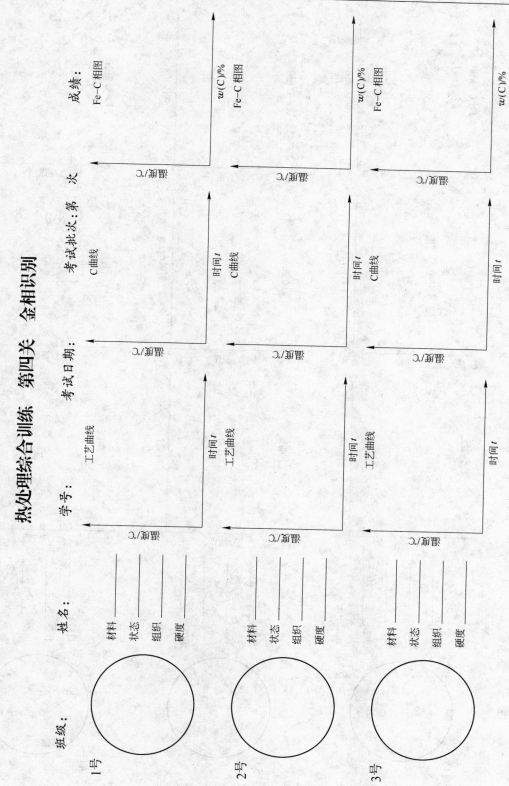

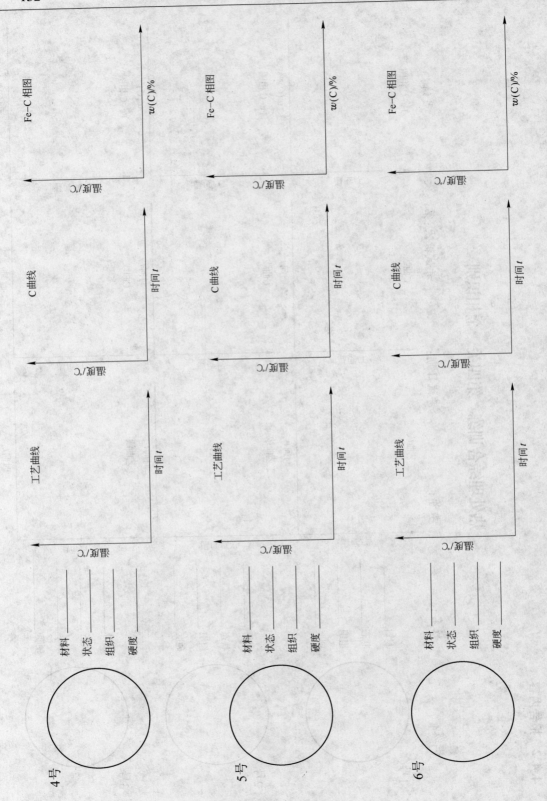

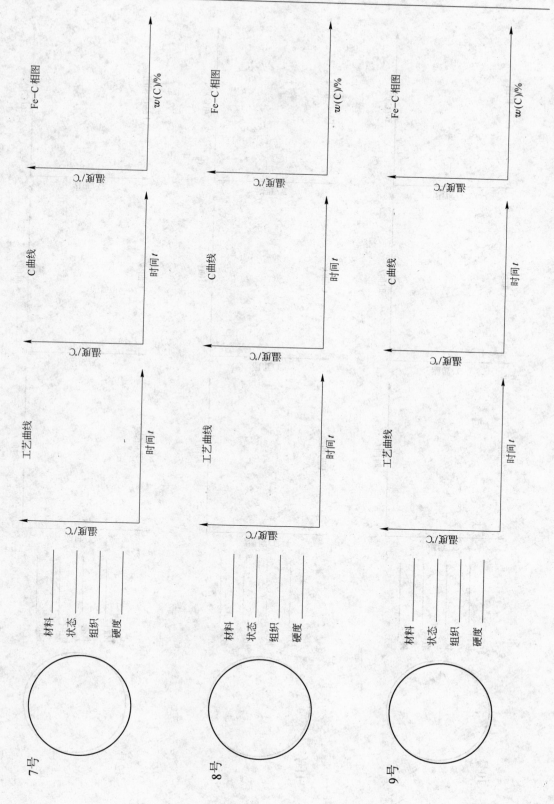

7号

8号

9号

材料 _____
状态 _____
组织 _____
硬度 _____

工艺曲线

C曲线

Fe-C相图

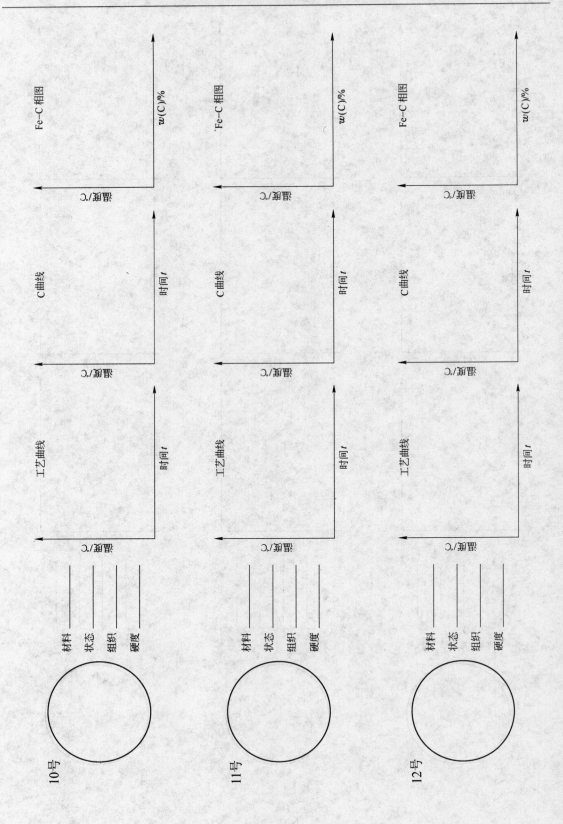

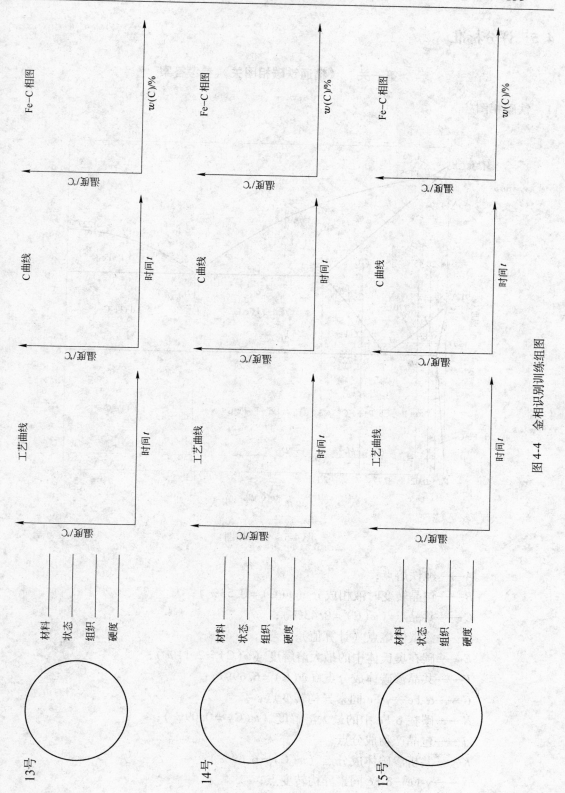

图 4-4 金相识别训练组图

4.5 评分标准

第一关   《精通铁碳相图关》参考答案

1 铁碳相图

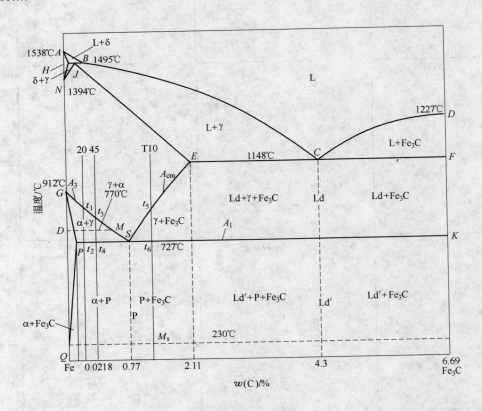

图 4-5 铁碳相图

A——纯铁熔点；

B——包晶转变时液相成分（$w(C)=0.53\%$）；

C——共晶点（$w(C)=0.43\%$）；

D——渗碳体熔点（计算值）；

E——碳在奥氏体中的最大溶解度（$w(C)=2.11\%$）；

F——共晶渗碳体成分点（$w(C)=6.69\%$）；

G——α-Fe—γ-Fe 同素异构转变点；

H——碳在 δ-Fe 中的最大溶解度（$w(C)=0.09\%$）；

J——包晶产物成分点；

K——共析渗碳体成分点（$w(C)=6.69\%$）；

N——γ-Fe—δ-Fe 同素异构转变点；

P——碳在铁素体中的最大溶解度（$w(C)=0.0218\%$）；

S——共析点（$w(C)=0.77\%$）；

Q——碳在铁素体中的溶解度（600℃~室温）（$w(C)=0.0008\%$）；

HJB 线——包晶转变线；

ECF 线——共晶转变线；

PSK 线——共析转变线；

GS 线——先共析铁素体开始析出线；

ES 线——碳在奥氏体中的溶解度曲线；

PQ 线——碳在铁素体中的溶解度曲线；

DM 线——（770℃）铁素体磁性转变线；

230℃水平线——渗碳体磁性转变线。

2 20 钢、45 钢、T10 钢所在位置，以及从奥氏体状态的温度到室温的缓慢冷却时组织转变过程

45、T10 钢所在位置如图示。

20 钢从奥氏体状态的温度缓慢冷却到室温的转变过程如下：

$t>t_1$ 时 20 钢处于 γ 相，$t=t_1$ 时发生先共析铁素体转变 $\gamma\rightarrow\alpha$，$t_1>t>t_2$ 时 γ 相继续析出 α 相，$t=t_2$ 时发生共析转变 $\gamma\rightarrow P$，$t\leqslant t_2$ 时组织为 α（数量很少）。

室温组织：$\alpha+P$。

杠杆定律计算铁素体珠光体含量：

$$W_F = \frac{0.77-0.2}{0.77-0.0218}\times100\% = 76.18\%$$

$$W_P = 1-76.18\% = 23.82\%$$

45 钢转变过程同上。

杠杆定律计算铁素体珠光体含量：

$$W_F = \frac{0.77-0.45}{0.77-0.0218}\times100\% = 42.77\%$$

$$W_P = 1-42.77\% = 57.23\%$$

T10 钢从奥氏体状态的温度缓慢冷却到室温的转变过程如下：

$t>t_5$ 时 T10 钢处于 γ 相，$t=t_5$ 时发生先共析铁素体转变 $\gamma\rightarrow Fe_3C_{II}$，$t_5>t>t_6$ 时 γ 相继续析出 FeC_{II} 相，$t=t_6$ 时发生共析转变 $\gamma\rightarrow P$，室温组织：$P+Fe_3C_{II}$。

杠杆定律计算渗碳体珠光体含量：

$$W_P = \frac{6.69-1}{6.69-0.77}\times100\% = 96.11\%$$

$$W_{Fe_3C_{II}} = 1-96.11\% = 3.89\%$$

3 碳钢的淬火温度范围、正火温度范围、完全退火温度范围、球化退火温度范围

完全退火温度范围（见图 4-6）：

$$亚共析钢：A_{c3} + 30 \sim 50℃$$
$$过共析钢：A_{ccm} + 30 \sim 50℃$$

正火温度范围：

$$亚共析钢：A_{c3} + 30 \sim 50℃$$
$$过共析钢：A_{ccm} + 30 \sim 50℃$$

淬火温度范围（见图 4-7）：

$$亚共析钢：A_{c3} + 30 \sim 50℃$$
$$过共析钢：A_{c1} + 30 \sim 50℃$$

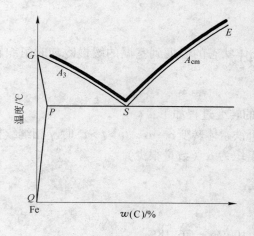

图 4-6　完全退火、正火温度范围　　　　图 4-7　淬火温度范围

球化退火温度范围（见图 4-8）：

$$亚共析钢：A_{c3} + 30 \sim 50℃$$
$$过共析钢：A_{c1} + 30 \sim 50℃$$

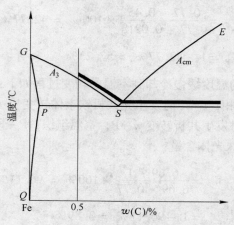

图 4-8　球化退火温度范围

第二关 《掌握碳钢热处理原理》参考答案

满分：180

1 实验目的（2 分）

    1.1 掌握钢的热处理的基本方法。

    1.2 了解不同的热处理方法对钢的组织与性能的影响。

    1.3 分析碳钢热处理后的显微组织特征。

    回答完全者得 2 分。

2 试验设备及材料（3 分）

    2.1 实验用箱式电阻加热炉。

    2.2 携带式直流电位差计。

    2.3 冷却介质：油、水、NaCl。

    2.4 洛氏硬度计、布氏硬度计。

    2.5 金相显微镜。

    2.6 试样材料。

    要求：实验所用仪器设备名称、规格、型号叙述准确。

    每项 0.5 分，回答完全者得 3 分。

3 实验方法与步骤（5 分）

    3.1 根据材料制定热处理工艺参数（加热温度、保温时间、冷却介质、回火温度）。

    3.2 按制定工艺进行热处理操作。

    3.3 测定试样处理后的硬度，并填入表 4-1 中，记下每组实验数据。

    3.4 根据试验结果，绘出相应的关系曲线。

    3.5 制备金相试样，观察显微组织，分析工艺。

    每项 1 分，回答完全者得 5 分。

4 试验内容（共 15 分）

    4.1 查出 6 种材料的成分、A_{c1}、A_{c3}。

    4.2 绘出 6 种材料的 C 曲线。

    4.3 绘制 15 组工艺的热处理工艺曲线图（20、45、T10 材料工艺见表 4-1），GCr15、QT、20CrMnTi 自定。

    4.1～4.3 每缺 1、错 1 数据，扣 1 分，表 4-1 共十二组数据缺 1、错 1 数据扣 1 分。

5 实验结果（共 40 分）

    5.1 根据试验数据，绘出四条关系曲线。

    要求纵横坐标表达清楚，曲线绘制正确。其中淬火温度—硬度包含 45 钢和 T10 钢两条曲线。

    每图 2.5 分，共 10 分。

    5.2 观察并绘出不同材料经热处理后的组织图（用箭头和代表符号标明各组织组成物）。

    共 12 个组织图，每图 2 分，共 24 分。

组织表达不明者，每图扣 1 分，未标明组织代号者，每缺 1 代号扣 1 分。

5.3　轴承钢 GCr15 的淬火组织观察，要求画出组织图，2 分。

5.4　球铁的淬火组织观察，要求画出组织图，2 分。

5.5　20CrMnTi 齿轮的渗层组织观察及渗层深度测定（退火后的试样）或渗层组织观察及渗层、心部组织评级（淬火后的试样），要求画出组织图，2 分。

6　实验总结（共 115 分）

6.1　论述热处理工艺参数的制定原则（共 10 分）。

（1）材料正常的淬火加热、退火加热、正火加热温度的制定原则。

（2）淬火加热保温时间的制定原则。

（3）回火加热温度、保温时间的制定原则。

（4）材料的淬火冷却介质、回火冷却介质选择原则。

分 4 部分，每部分 2.5 分：要求图文并茂，论述充分，逻辑严谨。

6.2　根据试验数据，分析钢的含碳量，淬火温度，冷却条件及回火温度对碳钢热处理后的组织和性能（硬度）的影响，阐明硬度变化的原因（共 10 分）。

提及四种因素，硬度变化原因分析准确，且思路清晰，表达准确者得 10 分，每缺一因素扣 2.5 分，原因回答不正确者，扣 2.5 分。

6.3　逐个分析 15 组工艺的工艺参数：加热时间、工艺温度、冷却介质的选定正确与否。分析执行工艺过程中的操作环节及应注意的事项。用 C 曲线示意每组工艺的冷却过程；用相图指出加热温度所处的区间（共 70 分）。

每种工艺均需提及 1. 加热时间、工艺温度、冷却介质的选择原则，判定选择的正确性；2. 分析执行工艺过程中的注意事项；3. 用 C 曲线示意每组工艺的冷却过程；4. 用相图指出加热温度所处的区间。

每项 1 分，每工艺 4 分，15 种工艺共 70 分。

6.4　分析 T10 钢 780℃加热和 950℃加热，水冷后组织、性能差别，并说明原因（共 10 分）。

提及工艺温度、冷却方式、显微组织三方的依存关系，且思路清晰，原因表达准确者得 3 分；分析不到位者扣 3 分，原因表达不准确者扣 3 分。

6.5　分析热处理连续冷却得到的索氏体、托氏体、马氏体组织与回火马氏体、回火托氏体、回火索氏体在形态和性能上的不同（共 10 分）。

每对组织 3 分。每对组织分析必须包含：形态的区别，形成机理，性能区别。每缺少一部分和错误一部分扣 1 分。

6.6　写出本次实验周的体会和建议，奖励 5 分。

体会 2 条以上获 2.5 分，建议 2 条以上获 2.5 分。

附　　录

附录1　常用化学侵蚀剂

附表1　铸铁常用的侵蚀剂组成、用途和使用说明

序号	组　成	用途及使用说明
1	硝酸 0.5~6.0mL 乙醇 96~99.5mL	显示铸铁基体组织。侵蚀时间为数秒至1min。对于高弥散度组织，可用低浓度溶液侵蚀，减慢腐蚀速度，从而提高组织清晰度
2	苦味酸 3~5g 乙醇 100mL	显示铸铁基体组织。腐蚀速度较缓慢，侵蚀时间为数秒至数分钟
3	苦味酸 2~5g 苛性钠 20~25g 蒸馏水 100mL	将试样在溶液煮沸，灰铸铁腐蚀 2~5min，球墨铸铁可适当延长。磷化铁由浅蓝色变为蓝绿色，渗碳体呈棕黄或棕色，碳化物呈黑色（含铬高的碳化物除外）
4	高锰酸钾 0.1~1.0g 蒸馏水 100mL	显示可锻铸铁的原枝晶组织。磷化铁煮沸 20~25min 后成黑色
5	高锰酸钾 1~4g 苛性钠 1~4g 蒸馏水 100mL	侵蚀 3~5min 后，磷化铁呈棕色，碳化物的颜色随侵蚀时间的增加，可呈黄色、棕黄、蓝绿和棕色
6	赤血盐 10g 苛性钠 10g 蒸馏水 100mL	需用新配制的溶液，冷蚀法作用缓慢，热蚀法煮沸 15min，碳化物呈棕色，磷化铁呈黄绿色
7	加热染色（热氧腐蚀）	与钢比较，此法对铸铁特别有效，染色时，珠光体先变色，铁素体次之，渗碳体不易变色，磷化铁更不易变色
8	氯化亚铁 200mL 硝酸 300mL 蒸馏水 100mL	用于各种耐蚀、不锈的高合金铸铁试样的侵蚀，组织清晰度较好
9	氯化铜 1g 氯化镁 4g 盐酸 2mL 无水乙醇 100mL	显示铸铁共晶团界面，用脱脂棉蘸溶液均匀涂抹在试样的抛光表面，侵蚀速度较缓，效果好
10	氯化铜 1g 氯化亚铁 1.5g 硝酸 2mL 无水乙醇 100mL	显示铸铁共晶团界面，侵蚀速度较快
11	硫酸铜 4g 盐酸 20mL 蒸馏水 20mL	显示铸铁共晶团界面，侵蚀速度较快

附表2　结构钢常用的侵蚀剂名称、组成和用途

序号	名　称	组　成	用　途
1	4%硝酸酒精溶液	硝酸 4mL 酒精 96mL	显示优质碳素结构钢组织
2	饱和苦味酸水溶液		显示优质碳素结构钢组织
3	3%硝酸酒精溶液	硝酸 3mL 酒精 97mL	显示低碳钢锅炉钢板组织和 优质碳素结构钢组织
4	苦味酸+4%硝酸酒精溶液	在体积分数为4%的硝酸酒精溶液中 加入1g苦味酸	显示优质低碳钢组织
5	1+1盐酸水溶液	盐酸 1 份 水 1 份	显示优质碳素结构钢组织
6	碱性苦味酸钠溶液		显示25MnCr5钢组织
7	5%硝酸酒精溶液	硝酸 5mL 酒精 95mL	显示15MnCrNiMo钢组织
8	2%硝酸酒精溶液	硝酸 2mL 酒精 98mL	显示40Cr钢组织
9	苦味酸饱和水溶液中加少许 洗涤剂饱和水溶液	10mL苦味酸饱和水溶液中加入 5mL洗涤剂饱和水溶液	显示40Cr钢奥氏体晶粒度
10	氯化高铁盐酸水溶液	氯化高铁 5g 盐酸 20mL 水 80mL	显示ZG1Cr13钢组织
11	王　水	浓硝酸 1 份 浓盐酸 3 份	显示GH2132镍基高温合金组织

附表3　工模具钢常用的侵蚀剂名称、组成和用途

序号	名　称	组　成	用　途
1	2%~5%硝酸酒精溶液	硝酸 2~5mL 酒精 95~98mL	显示工模具钢显微组织
2	10%硝酸酒精溶液	硝酸 10mL 酒精 90mL	高速钢淬火组织及晶间显示
3	饱和苦味酸水（酒精溶液）	饱和苦味酸水溶液（或酒精溶液）	显示钢显微组织，特别显示碳化物组织
4	碱性高锰酸钾溶液	高锰酸钾 1~4g 苛性钠 1~4g 蒸馏水 100mL	碳化物染成棕黑色，基体组织不显示
5	饱和苦味酸-海鸥洗涤剂溶液	饱和苦味酸溶液+少量海鸥洗涤剂	新配制适用于显示淬火组织的晶界
6	三酸乙醇溶液	饱和苦味酸 20mL 硝酸 10mL 盐酸 20mL 酒精 50mL	显示合金模具钢及刀具材料的 淬火与回火组织

序号	名　称	组　成	用　途
7	1+1盐酸水溶液	盐酸50% 水50%	显示GCr15钢组织
8	苦味酸盐酸水溶液	苦味酸1g 盐酸5mL 水100mL	显示Cr12MoV钢组织
9	苦味酸盐酸酒精溶液	苦味酸1g 盐酸5mL 酒精100mL	显示6Cr4Mo3Ni2WV钢组织

附表4　特殊性能钢常用的侵蚀试剂名称、组成和用途

序号	名　称	组　成	用　法	用　途
1	王水甘油溶液	1. 硝酸10mL 盐酸20mL 甘油30mL 2. 硝酸10mL 盐酸30mL 甘油20mL 3. 硝酸10mL 盐酸30mL 甘油10mL	先将酸和甘油倒入杯内搅匀，然后加入硝酸。侵蚀前，在热水中适当加热，采用反复抛光，反复侵蚀，一般擦蚀数秒至十几秒，溶液配制24h后才能使用	奥氏体型不锈钢及含Cr、Ni高的奥氏体型耐热钢
2	氯化高铁盐酸水溶液	氯化高铁5g 盐酸50mL 水100mL	侵蚀或擦蚀，室温侵蚀15~60s	奥氏体-铁素体型不锈钢、18-8型不锈钢
3	王水酒精溶液	盐酸10mL 硝酸3mL 酒精100mL	侵蚀（室温）	不锈钢中的δ相呈白色，有明显的晶界
4	苛性赤血盐水溶液	赤血盐10g 氢氧化钾10g 水100mL	在通风橱中煮沸2~4min，不可混入酸类，以免HCN（剧毒物）逸出	铬不锈钢、铬镍不锈钢的铁素体呈玫瑰色、浅褐色，奥氏体呈光亮色，σ相呈褐色，碳化物被溶解
5	苦味酸盐酸酒精（水）溶液	苦味酸4g 盐酸5mL 酒精（水）100mL	侵蚀30~90s	不锈钢
6	硫酸铜盐酸水溶液	硫酸铜4g 盐酸20mL 水20mL	侵蚀15~45s	奥氏体型不锈钢
7	高锰酸钾水溶液	高锰酸钾4g 苛性钠4g 水100mL	煮沸侵蚀1~3min	奥氏体型不锈钢σ相呈彩虹色，铁素体呈褐色
8	10%草酸水溶液	草酸10g 水90mL	电压：4V 时间：10~20s	显示不锈钢中铁素体、碳化物、奥氏体。α相呈白色，碳化物为黑色，在奥氏体晶界析出
9	盐酸硝酸氯化高铁水溶液	盐酸20mL 硝酸5mL 氯化高铁5g 水100mL	浸入法	显示铬锰氮耐热钢的显微组织

附表 5 表面渗镀涂层侵蚀剂的名称、组成和用途

序号	名 称	组 成	用 法	用 途
1	2%硝酸酒精溶液	硝酸 2mL 酒精 98mL	侵蚀法	渗碳层、碳氮共渗层、氮碳共渗层组织的显示
2	3%硝酸酒精溶液	硝酸 3mL 酒精 97mL	侵蚀法	渗碳层、碳氮共渗层、氮碳共渗层组织的显示
3	4%硝酸酒精溶液	硝酸 4mL 酒精 96mL	侵蚀法	渗碳层、碳氮共渗层、氮碳共渗层组织的显示
4	氯化高铁 + 盐酸水溶液	氯化高铁 5g 盐酸 10mL 水 100mL	侵蚀法	渗氮扩散层组织的显示
5	硒酸盐酸酒精溶液	硒酸 3mL 盐酸 20mL 酒精 100mL	侵蚀法	渗氮、软氮化层组织的显示
6	盐酸硫酸铜水溶液	盐酸 20mL 硫酸铜 4g 水 20mL	侵蚀法	渗氮层、扩散层组织的显示
7	三钾试剂	黄血盐 1g 赤血盐 10g 氢氧化钾 10g 水 100mL	侵蚀法	渗硼层组织显示，FeB 呈黑色，Fe_2B 呈浅灰色
8	10%草酸溶液	草酸 10mL 水 90mL	电侵蚀	镀铁层组织的显示
9	氟化氢铵水溶液	氟化氢铵 5g 蒸馏水 100mL	侵蚀法	渗氮工件测 TiN 化合物层、含氮钛晶粒（黑色、白色）
10	硫代硫酸钠氯化镉柠檬酸水溶液	硫代硫酸钠 240g 氯化镉 24g 柠檬酸 30g 蒸馏水 100mL	先经4%硝酸酒精预侵蚀，然后化染，目测至蓝紫色	渗硼层、碳氮共渗层、氮碳共渗、渗硫层、氮氮共渗层中的显微组织染色，渗硼，渗铝中的显微组织染色，渗铌，渗氨化钛
11	三钾试剂	铁氰化钾 10g 亚铁氰化钾 1g 氢氧化钾 30g 蒸馏水 100mL	侵 蚀	简称三钾试剂 显示渗硼层组织，FeB 呈黑色，Fe_2B 呈浅灰色
12	硫代硫酸钠氯化镉柠檬酸水溶液	硫代硫酸钠 240g 氯化镉 24g 柠檬酸 30g 蒸馏水 1000mL	先经硝酸酒精预侵蚀，然后化染，目测至蓝紫色	渗硼组织化染、硼-钒共渗

附表 6　钢中夹杂物侵蚀剂的名称、组成和用途

序号	名　称	组　成	用　法	用　途
1	2% 硝酸酒精溶液	硝酸 2mL 酒精 98mL	浸入法	低碳钢、结构钢
2	3% 硝酸酒精溶液	硝酸 3mL 酒精 97mL	浸入法	低碳钢、结构钢
3	4% 硝酸酒精溶液	硝酸 4mL 酒精 96mL	浸入法	低碳钢、结构钢
4	1 + 1 盐酸水溶液	盐酸 1 份 水 1 份	65 ~ 75℃ 热酸浸入法	显示碳素钢及结构钢的低倍组织
5	5% 硫酸水溶液	硫酸 5mL 水 95mL	浸入法	稀土氧化物受腐蚀
6	10% 铬酸水溶液	铬酸 10mL 水 90mL	浸入法	MnS 及稀土硫化物受腐蚀
7	碱性苦味酸钠水溶液	氢氧化钠 10g 苦味酸 2g 水 100mL	浸入法	MnS 及稀土硫化物受腐蚀

附录2　压痕直径与布氏硬度对照表

附表7　压痕直径与布氏硬度对照表

压痕直径 $d10$, $2d5$ 或 $4d2.5$	在负荷 $P(kg)$ 下布氏硬度数			压痕直径 $d10$, $2d5$ 或 $4d2.5$	在负荷 $P(kg)$ 下布氏硬度数		
	$30D^2$	$10D^2$	$2.5D^2$		$30D^2$	$10D^2$	$2.5D^2$
2.89	448	—	—	3.2	363	121	30.3
2.9	444	—	—	3.21	361	120	30.1
2.91	441	—	—	3.22	359	120	29.9
2.92	438	—	—	3.23	356	119	29.7
2.93	435	—	—	3.24	354	118	29.5
2.94	432	—	—	3.25	352	117	29.3
2.95	429	—	—	3.26	350	117	29.2
2.96	426	—	—	3.27	347	116	29
2.97	423	—	—	3.28	345	115	28.8
2.98	420	—	35	3.29	343	114	28.6
2.99	417	—	34.8	3.3	341	114	28.4
3	415	—	34.6	3.31	339	113	28.2
3.01	412	—	34.3	3.32	337	112	28.1
3.02	409	—	34.1	3.33	335	112	27.9
3.03	406	—	33.9	3.34	333	111	27.7
3.04	404	—	33.7	3.35	331	110	27.6
3.05	401	—	33.4	3.36	329	110	27.4
3.06	398	—	33.2	3.37	326	109	27.2
3.07	395	—	33	3.38	325	108	27.1
3.08	393	—	32.7	3.39	323	108	26.9
3.09	390	130	32.5	3.4	321	107	26.7
3.1	388	129	32.3	3.41	319	106	26.6
3.11	385	128	32.1	3.42	317	106	26.4
3.12	383	128	31.9	3.43	315	105	26.2
3.13	380	127	31.7	3.44	313	104	26.1
3.14	378	126	31.5	3.45	311	104	25.9
3.15	375	125	31.3	3.46	309	103	25.8
3.16	373	124	31.1	3.47	307	102	25.6
3.17	370	123	30.9	3.48	306	102	25.5
3.18	368	123	30.7	3.49	304	101	25.3
3.19	366	122	30.5	3.5	302	101	25.2

压痕直径 $d10$, $2d5$ 或 $4d2.5$	在负荷 P(kg) 下布氏硬度数			压痕直径 $d10$, $2d5$ 或 $4d2.5$	在负荷 P(kg) 下布氏硬度数		
	$30D^2$	$10D^2$	$2.5D^2$		$30D^2$	$10D^2$	$2.5D^2$
3.51	300	100	25	3.85	248	82.6	20.7
3.52	298	99.5	24.9	3.86	246	82.1	20.5
3.53	297	98.9	24.7	3.87	245	81.7	20.4
3.54	295	98.3	24.6	3.88	244	81.3	2.03
3.55	293	97.7	24.5	3.89	242	80.8	20.2
3.56	292	97.2	24.3	3.9	241	80.4	20.1
3.57	290	96.6	24.2	3.91	240	80	20
3.58	288	96.1	24	3.92	239	79.6	19.9
3.59	286	95.5	23.9	3.93	237	79.1	19.8
3.6	285	95	23.7	3.94	236	78.7	19.7
3.61	283	94.4	23.6	3.95	235	78.3	19.6
3.62	282	93.9	23.5	3.96	234	77.9	19.5
3.63	280	93.3	23.3	3.97	232	77.5	19.4
3.64	278	92.8	23.2	3.98	231	77.1	19.3
3.65	277	92.3	23.1	3.99	230	76.7	19.2
3.66	275	91.8	22.9	4	229	76.3	19.1
3.67	274	91.2	22.8	4.01	228	75.9	19
3.68	272	90.7	22.7	4.02	226	75.5	18.9
3.69	271	90.2	22.6	4.03	225	75.1	18.8
3.7	269	89.7	22.4	4.04	224	74.7	18.7
3.71	268	89.2	22.3	4.05	223	74.3	18.6
3.72	266	88.7	22.2	4.06	222	73.9	18.5
3.73	265	88.2	22.1	4.07	221	73.5	18.4
3.74	263	87.7	21.9	4.08	219	73.2	18.3
3.75	262	87.2	21.8	4.09	218	72.8	18.2
3.76	260	86.8	21.7	4.1	217	72.4	18.1
3.77	259	86.3	21.6	4.11	216	72	18
3.78	257	85.8	21.5	4.12	215	71.7	17.9
3.79	256	85.3	21.3	4.13	214	71.3	17.8
3.8	255	84.9	21.2	4.14	213	71	17.7
3.81	253	84.4	21.1	4.15	212	70.6	17.6
3.82	252	84	21	4.16	211	70.2	17.6
3.83	250	83.5	20.9	4.17	210	69.9	17.5
3.84	249	83	20.8	4.18	209	69.5	17.4

压痕直径 $d10$, $2d5$ 或 $4d2.5$	在负荷 $P(kg)$ 下布氏硬度数			压痕直径 $d10$, $2d5$ 或 $4d2.5$	在负荷 $P(kg)$ 下布氏硬度数		
	$30D^2$	$10D^2$	$2.5D^2$		$30D^2$	$10D^2$	$2.5D^2$
4.19	208	69.2	17.3	4.53	176	58.7	14.7
4.2	207	68.8	17.2	4.54	175	58.4	14.6
4.21	205	68.5	17.1	4.55	174	58.1	14.5
4.22	204	68.25	17	4.56	174	57.9	14.5
4.23	203	67.8	17	4.57	173	57.6	14.4
4.24	202	67.5	16.9	4.58	172	57.3	14.3
4.25	201	67.1	16.8	4.59	171	57.1	14.3
4.26	200	66.8	16.7	4.6	170	56.8	14.2
4.27	199	66.5	16.6	4.61	170	56.5	14.1
4.28	198	66.2	16.5	4.62	169	56.3	14.1
4.29	198	65.8	16.5	4.63	168	56	14
4.3	197	65.5	16.4	4.64	167	55.8	13.9
4.31	196	65.2	16.3	4.65	167	55.5	13.9
4.32	195	64.9	16.2	4.66	166	55.3	13.8
4.33	194	64.6	16.1	4.67	165	55	13.8
4.34	193	64.2	16.1	4.68	164	54.8	13.7
4.35	192	63.9	16	4.69	164	54.5	13.6
4.36	191	63.6	15.9	4.7	163	54.3	13.6
4.37	190	63.3	15.8	4.71	162	54	13.5
4.38	189	63	15.8	4.72	161	53.8	13.4
4.39	188	62.7	15.7	4.73	161	53.5	13.4
4.4	187	62.4	15.6	4.74	160	53.3	13.3
4.41	186	62.1	15.5	4.75	159	53	13.3
4.42	185	61.8	15.5	4.76	158	52.8	13.2
4.43	185	61.5	15.4	4.77	158	52.6	13.1
4.44	184	61.2	15.3	4.78	157	52.3	13.1
4.45	183	60.9	15.2	4.79	156	52.1	13
4.46	182	60.6	15.2	4.8	156	51.9	13
4.47	181	60.4	15.1	4.81	155	51.7	12.9
4.48	180	60.1	15	4.82	154	51.4	12.9
4.49	179	59.8	15	4.83	154	51.2	12.8
4.5	179	59.5	14.9	4.84	153	51	12.8
4.51	178	59.2	14.8	4.85	152	50.7	12.7
4.52	177	59	14.7	4.86	152	50.5	12.6

压痕直径 $d10$, $2d5$ 或 $4d2.5$	在负荷 $P(kg)$ 下布氏硬度数			压痕直径 $d10$, $2d5$ 或 $4d2.5$	在负荷 $P(kg)$ 下布氏硬度数		
	$30D^2$	$10D^2$	$2.5D^2$		$30D^2$	$10D^2$	$2.5D^2$
4.87	151	50.3	12.6	5.21	130	43.5	10.9
4.88	150	50	12.5	5.22	130	43.3	10.8
4.89	150	49.8	12.5	5.23	129	43.1	10.8
4.9	149	49.6	12.4	5.24	129	42.9	10.7
4.91	148	49.4	12.4	5.25	128	42.8	10.7
4.92	148	49.2	12.3	5.26	128	42.6	10.6
4.93	147	49	12.3	5.27	127	42.4	10.6
4.94	146	48.8	12.2	5.28	127	42.2	10.6
4.95	146	48.6	12.2	5.29	126	42.1	10.5
4.96	145	48.4	12.1	5.3	126	41.9	10.5
4.97	144	48.1	12	5.31	125	41.7	10.4
4.98	144	47.9	12	5.32	125	41.5	10.4
4.99	143	47.9	11.9	5.33	124	41.4	10.3
5	143	47.5	11.9	5.34	124	41.2	10.3
5.01	142	47.3	11.8	5.35	123	41	10.3
5.02	141	47.1	11.8	5.36	123	40.9	10.2
5.03	141	46.9	11.7	5.37	122	40.7	10.2
5.04	140	46.7	11.7	5.38	122	40.5	10.1
5.05	140	46.5	11.6	5.39	121	40.4	10.1
5.06	139	46.3	11.6	5.4	121	40.2	10.1
5.07	138	46.1	11.5	5.41	120	40	10
5.08	138	45.9	11.5	5.42	120	39.9	9.97
5.09	137	45.7	11.4	5.43	119	39.7	9.94
5.1	137	45.5	11.4	5.44	119	39.6	9.9
5.11	136	45.3	11.3	5.45	118	39.4	9.86
5.12	135	45.1	11.3	5.46	118	39.2	9.82
5.13	135	45	11.3	5.47	117	39.1	9.78
5.14	134	44.8	11.2	5.48	117	38.9	9.73
5.15	134	44.6	11.2	5.49	116	38.8	9.7
5.16	133	44.4	11.1	5.5	116	38.6	9.66
5.17	133	44.2	11.1	5.51	115	38.5	9.62
5.18	132	44	11	5.52	115	38.3	9.58
5.19	132	43.8	11	5.53	114	38.2	9.54
5.2	131	43.7	10.9	5.54	114	38	9.5

压痕直径 $d10$, $2d5$ 或 $4d2.5$	在负荷 P(kg)下布氏硬度数			压痕直径 $d10$, $2d5$ 或 $4d2.5$	在负荷 P(kg)下布氏硬度数		
	$30D^2$	$10D^2$	$2.5D^2$		$30D^2$	$10D^2$	$2.5D^2$
5.55	114	37.9	9.46	5.78	104	34.6	8.66
5.56	113	37.7	9.43	5.79	103	34.5	8.63
5.57	113	37.6	9.38	5.8	103	34.3	8.59
5.58	112	37.4	9.35	5.81	103	34.2	8.56
5.59	112	37.3	9.31	5.82	102	34.1	8.53
5.6	111	37.1	9.27	5.83	102	33.9	8.49
5.61	111	37	9.24	5.84	101	33.8	8.46
5.62	110	36.8	9.2	5.85	101	33.7	8.43
5.63	110	36.7	9.17	5.86	101	33.6	8.4
5.64	110	36.5	9.14	5.87	100	33.4	8.36
5.65	109	36.4	9.1	5.88	99.9	33.3	8.33
5.66	109	36.3	9.07	5.89	99.5	33.2	8.29
5.67	108	36.1	9.03	5.9	99.2	33.1	8.26
5.68	108	36	9	5.91	98.8	32.9	8.23
5.69	107	35.8	8.97	5.92	98.4	32.8	8.2
5.7	107	35.7	8.93	5.93	98	32.7	8.17
5.71	107	35.6	8.9	5.94	97.7	32.6	8.14
5.72	106	35.4	8.86	5.95	97.3	32.4	8.11
5.73	106	35.3	8.83	5.96	96.9	32.3	8.08
5.74	105	35.1	8.79	5.97	96.6	32.2	8.05
5.75	105	35	8.76	5.98	96.2	32.1	8.02
5.76	105	34.9	8.73	5.99	95.9	32	7.99
5.77	104	34.7	8.69	6	95.5	31.8	7.96

注：表中压痕直径为 $\phi10$mm 钢球试验数据，如用 $\phi5$mm 钢球试验时，所得压痕直径应增加 2 倍，而用 $\phi2.5$mm 钢球直径时则应增加 4 倍。例如用 $\phi5$mm 钢球在 750kg 负荷作用下所得压痕直径 1.65mm，则在查表时应用 3.30mm（$2\times1.65=3.30$），而其相当硬度值为 341。

附录3 洛氏硬度、布氏硬度、维氏硬度与抗拉强度对照表

附表8 洛氏硬度、布氏硬度、维氏硬度与抗拉强度对照表

洛氏硬度 HRC	洛氏硬度 HRA	布氏硬度 HB $30D^2$	维氏硬度 HV	近似强度 σ/MPa
70.0	86.6	—	1037.0	—
69.5	86.3	—	1017.0	—
69.0	86.1	—	997.0	—
68.5	85.8	—	978.0	—
68.0	85.5	—	959.0	—
67.5	85.2	—	941.0	—
67.0	85	—	923.0	—
66.5	84.7	—	906.0	—
66.0	84.4	—	889.0	—
65.5	84.1	—	872.0	—
65.0	83.9	—	856.0	—
64.5	83.6	—	840.0	—
64.0	83.3	—	825.0	—
63.5	83.1	—	810.0	—
63.0	82.8	—	795.0	—
62.5	82.5	—	780.0	—
62.0	82.2	—	766.0	—
61.5	82.0	—	752.0	—
61.0	81.7	—	739.0	—
60.5	81.4	—	726.0	—
60.0	81.2	—	713.0	2607
59.5	80.9	—	700.0	2551
59.0	80.6	—	688.0	2496
58.5	80.3	—	676.0	2443
58.0	80.1	—	664.0	2391
57.5	79.8	—	653.0	2341
57.0	79.5	—	642.0	2293
56.5	79.3	—	631.0	2247
56.0	79.0	—	620.0	2201
55.5	78.7	—	609.0	2157
55.0	78.5	—	599.0	2115
54.5	78.2	—	589.0	2074

洛氏硬度 HRC	洛氏硬度 HRA	布氏硬度 HB 30D^2	维氏硬度 HV	近似强度 σ/MPa
54.0	77.9	—	579.0	2034
53.5	77.7	—	570.0	1995
53.0	77.4	—	561.0	1957
52.5	77.1	—	551.0	1921
52.0	76.9	—	543.0	1885
51.5	76.6	—	534.0	1851
51.0	76.3	—	525.0	1817
50.5	76.1	—	517.0	1785
50.0	75.8	—	509.0	1753
49.5	75.5	—	501.0	1722
49.0	75.3	—	493.0	1692
48.5	75.0	—	485.0	1662
48.0	74.7	—	478.0	1635
47.5	74.5	—	470.0	1608
47.0	74.2	449	463.0	1581
46.5	73.9	442	456.0	1555
46.0	73.7	436	449.0	1529
45.5	73.4	430	443.0	1504
45.0	73.2	424	436.0	1480
44.5	72.9	413	429.0	1457
44.0	72.6	407	423.0	1434
43.5	72.4	401	417.0	1411
43.0	72.1	396	411.0	1389
42.5	71.8	391	405.0	1368
42.0	71.6	385	399.0	1347
41.5	71.3	380	393.0	1327
41.0	71.1	375	388.0	1307
40.5	70.8	370	382.0	1287
40.0	70.5	365	377.0	1268
39.5	70.3	360	372.0	1250
39.0	70.0	355	367.0	1232
38.5	69.7	350	362.0	1214
38.0	69.5	345	357.0	1197
37.5	69.2	341	352.0	1180
37.0	69.0	336	347.0	1163

洛氏硬度 HRC	洛氏硬度 HRA	布氏硬度 HB 30D^2	维氏硬度 HV	近似强度 σ/MPa
36.5	68.7	332	342.0	1147
36.0	68.4	327	338.0	1131
35.5	68.2	323	333.0	1115
35.0	67.9	318	329.0	1100
34.5	67.7	314	324.0	1080
34.0	67.4	310	320.0	1070
33.5	67.1	306	316.0	1056
33.0	66.9	302	312.0	1042
32.5	66.6	298	308.0	1028
32.0	66.4	294	304.0	1015
31.5	66.1	291	300.0	1001
31.0	65.8	287	296.0	989
30.5	65.6	283	292.0	976
30.0	65.3	280	289.0	964
29.5	65.1	276	285.0	951
29.0	64.8	273	281.0	940
28.5	64.6	269	278.0	928
28.0	64.3	266	274.0	917
27.5	64.0	263	271.0	906
27.0	63.8	260	268.0	895
26.5	63.5	257	264.0	884
26.0	63.3	254	261.0	874
25.5	63.0	251	258.0	864
25.0	62.8	248	255.0	854
24.5	62.5	245	252.0	844
24.0	62.2	242	249.0	835
23.5	62.0	240	246.0	825
23.0	61.7	237	243.0	816
22.5	61.5	234	240.0	808
22.0	61.2	232	237.0	799

附录4　常用热电偶的温度-毫伏对照表

附表9　镍铬-镍铝热电偶　代号：EU-2

温度/℃	0	10	20	30	40	50	60	70	80	90	1℃平均值
					mV						
—	—	-0.39	-0.77	—	—	—	—	—	—	—	0.0365
0	0	0.40	0.80	1.20	1.61	2.02	2.43	2.85	3.26	3.68	0.0408
100	4.10	4.51	4.92	5.33	5.73	6.13	6.53	6.93	7.33	7.73	0.0403
200	8.13	8.53	8.93	9.34	9.74	10.15	10.56	10.97	11.38	11.80	0.0408
300	12.21	12.62	13.04	13.45	13.87	14.30	14.72	15.14	15.56	15.98	0.0418
400	16.40	16.83	17.25	17.67	18.09	18.51	18.94	19.37	19.79	20.22	0.0425
500	20.65	21.08	21.50	21.93	22.35	22.78	23.21	23.63	24.05	24.48	0.0426
600	24.90	25.32	25.75	26.18	26.60	27.03	27.45	27.87	28.29	28.71	0.0424
700	29.13	29.55	29.97	30.39	30.81	31.22	31.64	32.06	32.46	32.87	0.0416
800	33.29	33.69	34.10	34.51	34.91	35.32	35.72	36.13	36.53	36.93	0.0405
900	37.33	37.73	38.13	38.53	38.93	39.32	39.72	40.10	40.49	40.88	0.0395
1000	41.27	41.66	42.04	42.43	42.83	43.21	43.59	43.97	44.34	44.72	0.0383
1100	45.10	45.48	45.85	46.23	46.60	46.97	47.34	47.71	48.08	48.44	0.0371
1200	48.81	49.17	49.53	48.89	50.25	50.61	50.96	51.32	51.67	52.02	0.0357
1300	52.37										

附表10　镍铬-考铜铂热电偶　代号：EA-2

温度/℃	0	10	20	30	40	50	60	70	80	90	1℃平均值
					mV						
—	—	-0.64	-1.27	-1.89	-2.50	-3.11	—	—	—	—	—
0	0	0.65	1.31	1.98	2.66	3.35	4.05	4.76	5.48	6.21	0.069
100	6.95	7.69	8.43	9.18	9.93	10.69	11.46	12.24	13.03	13.84	0.075
200	14.66	15.48	16.30	17.12	17.95	18.76	19.59	20.42	21.24	22.07	0.083
300	22.90	23.74	24.59	25.44	26.30	27.15	28.01	28.88	29.75	30.61	0.085
400	31.48	32.34	33.21	34.07	34.95	35.81	36.67	37.54	38.41	39.28	0.086
500	40.15	41.02	41.90	42.78	43.67	44.55	45.44	46.33	47.22	48.11	0.088
600	49.01	49.89	50.76	51.64	52.51	53.39	54.26	55.12	56.00	56.87	0.088
700	57.74	58.57	59.47	60.33	61.20	62.06	62.92	63.78	64.64	65.50	0.086
800	66.36	—									

附表 11　铂铑-铂热电偶　代号：LB-3

温度/℃	0	50	100	150	200	250	300	350	400	450	10℃ 平均值
					mV						
0	0	0.299	0.643	1.025	1.436	1.867	2.315	2.777	3.250	3.731	0.0804
500	4.220	4.717	5.222	5.735	6.256	6.784	7.322	7.867	8.421	8.985	0.1054
1000	9.556	10.136	10.723	11.317	11.915	12.515	13.116	13.715	14.313	14.910	0.1194
1500	15.504	16.097	16.688								0.1184

参 考 文 献

[1] 王健安. 金属学与热处理[M]. 北京：机械工业出版社，1980.

[2] 姚鸿年. 金相研究方法[M]. 北京：中国工业出版社，1963.

[3] 汪守朴. 金相分析基础[M]. 北京：机械工业出版社，1990.

[4] 崔忠圻. 金属学与热处理[M]. 北京：机械工业大学出版社，2000.

[5] 任颂赞，张静江，陈质如，等. 钢铁金相图谱[M]. 上海：上海科学技术文献出版社，2003.

[6] 李炯辉，林德成. 金属材料金相图谱[M]. 北京：机械工业出版社，2006.

[7] 国家机械工业委员会. 金相检验技术[M]. 北京：机械工业出版社，1988.

[8] 南京汽车制造厂，南京航空学院，江苏省机械研究所，等. 金属材料金相图谱[M]. 江苏：江苏科学技术出版社，1977.

[9] 第一机械工业部上海材料研究所，上海工具厂. 工具钢金相图谱[M]. 北京：机械工业出版社，1979.

[10] 姜锡山. 特殊钢金相图谱[M]. 北京：机械工业出版社，2002.

[11] 大型铸锻件行业协会，大型铸锻件缺陷分析图谱编委会. 大型铸锻件缺陷分析图谱[M]. 北京：机械工业出版社，1990.

[12] 钱士强. 材料检验[M]. 上海：上海交通大学出版社，2007.

[13] 机械工业理化检验人员技术培训和资格鉴定委员会. 金相检验[M]. 上海：上海科学普及出版社，2003.

[14] 崔崑. 钢铁材料及有色金属材料[M]. 北京：机械工业出版社，1981.

[15] 樊东黎，徐跃明，佟晓辉. 热处理技术数据手册[M]. 北京：机械工业出版社，2006.

[16] 孙盛玉，戴雅康. 热处理裂纹分析图谱[M]. 大连：大连出版社，2002.

[17] 宋扶轮，粟祜. 热处理炉温度测量与控制[M]. 北京：国防工业出版社，1984.

[18] 中国标准出版社第二编辑室. 金相检验方法和无损检验方法[M]. 北京：中国标准出版社，2001.

[19] 李长龙，赵忠魁，王吉岱. 铸铁[M]. 北京：化学工业出版社，2007.

[20] 徐进，等. 模具钢[M]. 北京：冶金工业出版社，2002.

[21] 韩德伟，张建新. 金相实验制备与显示技术[M]. 湖南：中南大学出版社，2005.